JN079367

自然再生による地域振興と
限界地農業の支援

生物多様性保全施策の国際比較

矢部 光保 編著

筑波書房

はじめに

　我が国の農山村には、農業生産の基盤である農地や水資源、森林などが存在し、食料の安定供給のみならず、生物多様性の保全、美しい文化的景観や伝統文化の継承、洪水や土砂崩壊の軽減、気候変動の緩和など、重要な役割を果たしている。しかしながら、我が国の農地面積は、昭和36年（1961年）に最大の608.9万haを迎えた後、農業就業者の減少と高齢化、土地持ち非農家の増加などによって徐々に減少し、令和元年（2019年）には439.7万haと58年間で169万ha減少している。

　この農地面積の減少要因は、非農業用用途（宅地等、工場用地、道路鉄道用地等）への転用と耕作放棄（荒廃農地）が大部分を占めてきたが、平成25年（2013年）以降は、耕作放棄（荒廃農地）が最大の要因となっている。ここで、耕作放棄地とは、耕作できても、農家が耕作する意志のない農地であって、その面積は平成27（2015）年に42.3万haであり、この20年間（1995年－2015年）で約18万ha増加している。他方、荒廃農地とは市町村と農業委員会が現状では耕作できないと判断した農地であって、その面積は令和2（2022）年で28.2haである。このうち、再生利用が可能なもの（1合遊休農地）は9.0ha、再生利用が困難と見込まれるものが19.2万haとなっている。

　以上のように、我が国の農地面積が減少し、耕作放棄地が増加している現在、耕作放棄地・低生産力地を含め、条件不利地における農業生産活動への支援は、新たな政策展開の方向性を見い出す必要性に迫られている。その中で、条件不利地域の代表的政策として中山間地域等直接支払制度が挙げられるが、その支援基準を見ると、農業生産の継続を目的としているため、農業生産を前提とした上での多面的機能の維持・発揮という視点である。そのため、第5期対策の中間年にある令和4年度（2022年度）の中間評価では、集落協定の自己評価票の中に、耕作放棄の防止等の活動例として、「既荒廃農地の復旧、畜産的利用、林地化」「既荒廃農地の保全管理」「限界的農地の林地化等」が挙げられているものの、農地を荒らさないことに主眼が置かれて

おり、極端な不利条件地での自然再生や農地以外の周辺環境が持つ生態的価値の保全などは、主たる政策対象にはなっているとは言い難い。

　他方、欧州では、耕作放棄地等について、農地として再生・維持するよりも、自然を再生し、伝統的農法とともに農村ツーリズムを導入して地域振興を図る事例やそのための農業環境政策が見られる。例えば、イタリア・ポー川河口の干拓農地の湿地公園整備では、農業生産に向かない耕作放棄地や低生産力地を湿地に再生し、バードウォッチングや狩猟区を設定するとともに、ウナギやエビなどを獲る伝統的な漁法を残し、淡水魚類の養殖地も組み入れている。レストランでは地場産農産物の料理が供され、農村ツーリズムによって地域振興が行なわれている。

　そこで、本書は、自力での農業生産が困難となっている限界農地や、耕作放棄地あるいは荒廃農地を対象に、農業的利用や再生が可能な場合には、国や地方自治体の支援のみならず、NPOや企業による多様な支援活動の可能性を検討する。さらに、農業的利用や再生が困難になった農地に対しては、自然再生による地域振興の可能性を検討するものである。

　本章を構成する各章は、基盤研究（B）（一般）「耕作放棄地の自然再生と地域振興に向けた合意形成―経済実験による価値観転換の検証―」（2018年度～2021年度、研究代表者矢部光保、課題番号18H02286）の成果を中心に、執筆者らが実施してきた農林水産政策科学研究委託事業「我が国の独創的な農文化システムの継承・進化に向けた制度構築と政策展開に関する研究」（平成24年度～平成26年度、研究代表者矢部光保）及び「PCDAサイクルと多様な主体の参画・連携による生物多様性保全活動促進のための政策的支援に関する研究」（平成27年度～29年度、研究代表者矢部光保）において、本書のテーマに近いものを選び、まとめたものである。

　本書は第1部と第2部に別れ、第1部は我が国の取組を扱い、第2部は英国、韓国、台湾の取組を扱っている。我が国の限界地や耕作放棄地において、生物多様性の保全や自然再生の取組を行っている地域を対象に、その支援について検討していく。以下では、各章の概要を示す。

第1部　我が国における限界地農業の支援方策と自然再生

第1章　梶原・楠戸：耕作放棄地再生手法の類型化と地域振興

　まず我が国における問題点の確認、耕作放棄地の統計資料上の用語を整理し、その方向性により6つの類型に分類して検討したあと、具体的な事例として養蜂業を提示して検討を加えた。我が国においては耕作放棄地の積極的な自然再生は未だ大きな課題にはなっていないが、将来を見据えると議論の避けられない問題と考えられるため、国内外の事例を検討することで本書の導入とする。

第2章　楠戸・梶原・矢部：蜜源作物の導入による荒廃農地解消の可能性

　農山村の景観を維持しつつ、粗放的な利用等による農業生産を行う一形態として、蜜源作物の導入が挙げられる。本章では、国産蜂蜜の消費者需要の把握を通じて、蜜源作物の導入がどの程度荒廃農地の解消に寄与するかについて明らかにすることを目的としている。また、事例調査としては、我が国における耕作放棄地再生の視点から、蜜源植物栽培と養蜂の導入、さらに蜂蜜を使った商品開発と集客事業について事例を取り上げ検討を加える。

第3章　黒川・矢部・稲垣：野草地を利用した緑茶の高付加価値販売
　―世界農業遺産・静岡の茶草場農法を例に―

　第3章では、農家の高齢化や茶価の下落などから荒廃農地化が急速に進む緑茶栽培を取り上げた。静岡県南部の茶栽培地域では、世界農業遺産に認定されている「茶草場農法」を用いることで野草地を農業生産に活用し、雑草地の荒廃農地化防止と緑茶の高付加価値化につなげている。そこで、茶草場農法で栽培された緑茶に対する住民の選好や緑茶に対する評価を明らかにしている。

第4章　野村：寄付金付き土産による阿蘇農業の支援

　第4章では，文化的景観の存続のために、その受益者と価値を明確にした

上で、その対価を農業者らに還元する支援策の仕組み作りについて検討した。具体的には、阿蘇の多くの観光客を対象に、募金を広く薄く集める方法として、草原再生のための寄付をお土産菓子に上乗せして売る実証分析を行った。その結果、観光客が支払っても良いと考える支払意思額相当の寄付金額が上乗せされていても販売個数は変わることなく、販売できることがわかった。また、人々の寄付の支払意思額を推計して集金可能な保全基金の大きさを求めた。そして、募金を広く薄く集める方法は，保全活動の計画を立てるために有効な支援策であることを示した。

第5章　黒川・矢部・並木：消費者による応援消費を通じた生物多様性保全の可能性

稲作では営農方法次第で生物多様性の保全につながることが知られている。しかし、耕作放棄されてしまうと、生物多様性の劣化につながる。そこで第5章では、コロナ禍でも注目された「応援消費」を通じて、都市住民が環境保全型農業に取り組んでいる農家をどれだけ応援したいと思っているのか、仮想評価法（CVM）を用いて定量的に明らかにし、都市が農村を支援する新たな方法の可能性を探っている。

第6章　矢部・楠戸：寄付金付きグリーン電力販売による農業支援

第6章では、環境保全寄付つき電力の販売を通して、農村環境保全に向けた資金調達の可能性と課題について検討を行った。その結果、寄付つき電力プランによる環境保全は、一定の電力購入者において、既に受け入れられていることが確認された。次に、電力プランの未切替え者に対する分析結果からは、寄付行為の手間を低減させることで寄付の可能性が高まること、また、環境寄付つき電力料金プランがあまり知られていなかったことから、宣伝広告の必要性が示唆された。

第7章　黒川・稲垣・矢部：NPO等を中核とした協同活動による農業支援

荒廃農地を復田あるいは別用途へ活用する例も多く見られるが、一旦荒廃してしまうと、その農地を使用可能な状態に戻すには多大な労力を必要とする。そこで第7章では、農村と企業やNPO等とのマッチングを促し、協働活動によって棚田や条件不利地での営農を支援している一社一村運動を例に、その特徴や活動の原動力等について、ヒアリング調査をもとにその一端を明らかにしている。

第2部　海外における限界地農業の支援制度と自然再生
第8章　和泉：英国の新しい農業環境政策（ELM事業）に見る自然再生と農業との両立
　条件の悪い中山間地域などで営まれる平地に比べて収益性の低い農業をどのように支援するかは日本以外でも共通の課題である。その際に、農業の提供する環境価値に対して支援する方策として、第8章では英国イングランドの取組を紹介している。英国はEU離脱後に独自の農業政策を構築中であり、その中でイングランドは「公的資金は公共財へ」という方針のもと、農業政策の対象を環境保全と動物福祉に集中させようとしている。2024年からのイングランド農政の主要事業となるELM事業には、農地の森林化・湿原の再構築といった自然再生に近い取組が支援対象に含まれている。

第9章　野村：英国の新たな農業政策による構造変革
　―集約化と粗放化の二極化―
　英国では、2020年1月のEU離脱後，EU共通農業政策下で行われてきた農地面積当たりの単一支払いに相当する補助金の廃止が決まるなど、英国の農業構造は新たな変化に直面している。そこで、第9章では、特にイングランドの農業土地利用と現在の農業経営状況について、イングランドの農業構造統計と農業経営調査を中心に分析し、英国農業政策の構造変化の現状を明らかにする。すなわち、集約化と粗放化の二極化が進んでいること、また、収益を上げていない農家への補助が中止され、農地の集約化と農家の経営見直

しを図ろうとしていること、そして、農業環境支払いを通じて「管理された」形での農地の森林化が進んできていることが明らかにした。

第10章　和泉：英国の条件不利地域の行方—ダートムーアの事例から—

英国のダートムーア国立公園は農業の条件不利地域であり、農業は高い環境価値を提供しており、またコモンズと呼ばれる共有放牧地を用いた畜産が主体であるという特徴を持つ。第10章ではダートムーアの事例を取り上げ、英国の条件不利地域での農業の実態や、農業政策により農業がどのように影響を受け、変遷してきたかについて紹介する。農業政策が環境に傾斜する中で、農業者は農業と環境の両立を通じて存続を図っている。

第11章　梶原：台湾の自然再生と森林養蜂

台湾において、かつての農地を（比較的）積極的に自然へ還した武陵農地の事例を取り上げた。また台湾における養蜂業の実例、特に主要な産品である龍眼蜂蜜と、特殊な産品である山林養蜂の事例を現地調査した。武陵農地においてはタイワンマスなどを通して日本の生物多様性保全型農地との関連性がみられた。また、台湾養蜂業との比較においては我が国養蜂業とはかなり形態が異なるものの、森林養蜂において地域振興へ繋がる糸筋もみられた。

第12章　和泉・梶原・黒川：韓国の事例にみる自然再生と農業

朝鮮半島南部のスンチョン湾周辺および山あいのハドン郡において、いかなる農業形態が当該自然環境の中でみられるか、それぞれ現地調査を行なった。スンチョン湾周辺の湿地においては世界的に著名なツルの飛来地となっており、それら生態系を保全するなかで不要な周辺農地の湿地への返還がみられた。またハドン郡においては、朝鮮半島最古とされる在来茶樹がありながら、高齢化等により放棄される恐れのあったものが、世界農業遺産のサイトとなる過程で息を吹き返した様子を知ることができた。

目　次

第1部

我が国における限界地農業の支援制度と自然再生

第1章　耕作放棄地再生手法の類型化と地域振興

梶原 宏之・楠戸 建

はじめに

　農林水産省（2022）に記述されているように「我が国の農村には、農業生産の基盤である農地や水資源、森林などが存在し、食料の安定供給のみならず、災害防止を通じた安全な国土の形成、さらには、生態系の保全や歴史の伝承等の面で大きな役割を果たしている。しかしながら、我が国の農地は、昭和36年の609万ヘクタールをピークとし、都市化の進展等に応じて徐々に減少してきており、今後は、高齢化や労働力不足により、農地としての維持管理が困難となり、こうした多面的機能の発揮に支障を及ぼすことが懸念されている。

　こうした中で、将来にわたる食料の安定供給の確保や、災害に強い国土の形成などを考えると、生産基盤である農地について、環境への負荷を軽減し、土壌の健全性を高めながら持続的に確保していくことが重要である。しかしながら、中山間地域を中心として、農地の集積・集約化、新規就農、軽労化のためのスマート農業の普及等のあらゆる政策努力を払ってもなお、農地として維持することが困難な農地が、今後増加することが懸念され」ている。

　そこで、本章では、あらゆる政策努力を払ってもなお、農地として維持することが困難な農地の増加に注目する。そして、第1節では、現在の日本が抱える問題点をおさえ、「耕作放棄地」や「荒廃農地」といった統計用語の使い方を整理し、統計データに基づいて、その増加の程度を明らかにする。次いで、第2節では、農地が耕作放棄地となったとき、その対処方策の一つ

として自然再生を考える。そのため、「耕作放棄地の自然再生」とは具体的に何を指すのか、本書ではａからｆの６つの類型に分けて提示する。すなわち、ナショナル・トラスト的な里山タイプの類型ａ、文化的景観保全的な類型ｂ、生物多様性保全的な類型ｃ、農業から原自然への転換と管理を志向する類型ｄ、より積極的な原自然への返還を目指す類型ｅ、そしてなにもせずただ放置するのみの類型ｆとした。その場合、いくつか具体的なフィールド名も記したが、実際にはそれぞれの特徴は互いに重なり合って存在し得るものといえる。そして、第３節では、耕作放棄地の自然再生による地域振興事例として、養蜂に焦点を当て、蜜源植物を植えて養蜂を行い、蜂蜜や関連商品で観光客を呼び込んで６次産業化を図る可能性について検討する。

第1節　農地の荒廃（耕作放棄）の進展

1．農地の荒廃に関わる統計

　これまで我が国においては、複数の統計調査をもって荒廃した農地がどの程度存在するかの把握が試みられてきた。以降では、それぞれに関してごく簡単に説明する（より詳しい内容については、例えば竹島（2018）が参考になる）。

（1）耕作放棄地（農林業センサス）

　最も耳にする機会の多い（多かった）統計は、「耕作放棄地」の面積であろう。この耕作放棄地は、５年に１度行われる農林業センサスにより把握されるもので、「所有している土地のうち、以前耕作していた土地で、過去１年以上作物を作付け（栽培）せず、この数年の間に再び作付け（栽培）する意志のない土地」を農林業センサスにおける調査対象（客体）候補の選定時に収集している。これを販売農家・自給的農家・土地持ち非農家・農家以外の事業体について集計したものが耕作放棄地として公表されていた。しかし、土地持ち非農家の不在村化などにより、把握が難しくなったこと等から、

2020年センサスの数値は執筆時点では公表されていない。

(2) 荒廃農地（荒廃農地の発生・解消状況に関する調査）

　現在、農地の荒廃を把握している統計としては、「荒廃農地⁽¹⁾」（荒廃農地の発生・解消状況による調査で把握される）が最もよく用いられるデータである。「現に耕作に供されておらず、耕作の放棄により荒廃し、通常の農作業では作物の栽培が客観的に不可能となっている」農地を指す。把握される荒廃農地は、A分類（再生利用が可能な荒廃農地）とB分類（再生利用が困難と見込まれる荒廃農地）として、その再生利用の客観的な可能性により分類されている。

(3) 耕地のかい廃（減少）面積のうち、荒廃農地（耕地及び作付面積統計）

　耕地および作付面積統計においても、同じ名称で紛らわしいが、荒廃農地というデータが把握されている。ここでは、前のものと分けるために、「面積統計による荒廃農地」と呼ぶ。

　耕地および作付面積統計では、これを耕地のかい廃（減少）面積として、田又は畑が他の地目に転換し、作物の栽培が困難となった状態となった面積が把握されており、かい廃は、自然災害又は人為かい廃といった発生要因別に整理されている。この人為かい廃は工業用地、道路鉄道用地、宅地等、農林道等、植林、その他に区分され、面積統計による荒廃農地は、その他のうちの一つとして把握されている。

２．農地の荒廃に関するデータの近年の推移

　以上からわかる通り、それぞれの荒廃農地に関連する統計は、その定義も、母集団も、集計（推計）方法も異なっており、単純に比較できるものではないが、それぞれのデータについて近年の推移を**図1-1**に示す。

　よく知られているように、耕地面積は減少し、耕作放棄地は2015年まで一貫して増加している。他方で、荒廃農地はここ５年間では合計は増加してい

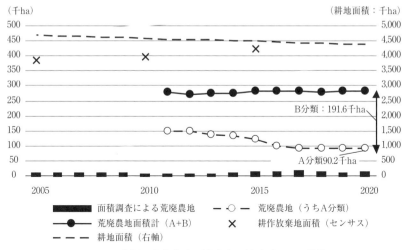

図 1-1　全国の荒廃農地に関連する統計データの推移

ないが、再生可能なA分類が減少し、再生困難なB分類が増加している形で荒廃の進行が確認できる。また、竹島（2018）において指摘されているように、荒廃が進行したB分類の農地が非農地判断されることにより、調査対象から外れることで、実際にはより多くの荒廃農地の発生が示唆される。加えて、面積統計による荒廃農地は、各年に増加した面積のフローであるが、どの年で見ても増加している。このようにどの指標で見ても、農地の荒廃が進んでいることは疑いようもない事実であると言えよう。

３．農村や土地利用の在り方に関する検討の進行

　このような状況の中、2020年（令和２年）３月に閣議決定された「食料・農業・農村基本計画」では、農村の持つ多面的機能を活かしながら、農村を次の世代に継承していくために、「しごと」「くらし」「活力」の３つを柱とし、関係府省・地方自治体・事業者による施策をフル活用し、一体的に講ずる「地域政策の総合化」を推進することとしている。そして、施策の具体化のために、「新しい農村政策の在り方に関する検討会」及び「長期的な土地利用の在り方に関する検討会」を設置し、議論が展開された。新しい農村政策の在

り方に関する検討会では、地域づくり人材の育成や、農村の実態把握・課題解決の仕組み、複合経営等の多様な農業経営の推進、半農半X等の多様なライフスタイルの実現、関係人口の呼び込み等、多様なテーマが議論された。また、長期的な土地利用の在り方に関する検討会では、人口減少に伴う農業の担い手の減少により、今後、農地として維持困難となる可能性がある土地の利用方策について検討され、特に、粗放的な土地利用としての放牧や、農地の林地化等を中心に議論が重ねられた（農林水産省、2022）。とりわけ長期的な土地利用の在り方に関する検討会の内容は、本書の農地の荒廃防止や農地の適切な維持・管理というトピックに密接に関わっていることから、そこで示されている取組の方向性について**図1-2**に示す。そして、次節にて提示されている類型化と、各章の内容が、どのように位置づけられるかを確認することで、読者が各章を読む際の参考にして頂ければ幸いである。

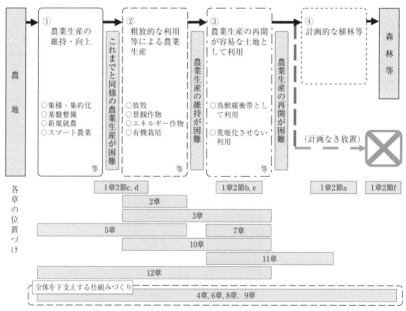

図1-2　長期的な土地利用の在り方に関する検討会による土地利用検討の方向性
注：農林水産省（2022）に加筆する形で筆者作成。

第2節　耕作放棄地再生手法の類型

1. 類型化の考え方

　1920年に国勢調査が開始されて以来2005年に初めて人口が減少に転じた日本において、これまで耕作放棄地の増加をなんとか抑えてきた政策の見直し、すなわち耕作放棄地を敢えて認める農業政策を考えなければならないならば、どのような形が望ましいと考えられうるか。日本農政においてこれまでいわばタブー視されてきた制度設計に対しても、臨まねばならない時代になったように感じられる。

　ここで「耕作放棄地を認める」といった場合、それは結局「自然へ還す」という語義と近いものとなろうが、その方法および目指す方向性により、いくつか分類して考えられる。たとえば、そのまま何もせず放棄する形から、自然公園のようなものに転用する形、またある程度農的行為を残存しつつ里山のように保持する形などである。今それらを試みに列記すれば**表1-1**のようになるであろう。

表 1-1　農地を自然へ還す方向性の類型

型	方向性	実例
a	農地をほぼ諦めて、里山にする	所沢、市川
b	文化的景観保全のために野焼きを維持する	秋吉台、大室山
c	生物多様性保全のために土地の用途を転換する	豊岡、対馬、阿蘇山
d	農地を諦めて原自然へ還し、管理する	武陵農場（台湾）
e	農地を諦めて原自然へ還す	気仙沼
f	そのまま放棄する	耕作放棄地

2. 類型a

　類型aは市民たちが耕作放棄地を買い取り、市民が憩える里山公園のような形にするもので、日本では埼玉県所沢市の公益財団法人トトロの森などが著名であるが、英国のナショナル・トラストを中心とした研究の蓄積がすで

にあるので、それらを活用すべきだろう。トトロの森・1 号地の看板に「ここはトトロの森です。狭山丘陵の豊かな環境を守ることを目的とした "狭山丘陵ナショナルトラスト" トトロのふるさと基金は、幸いにもたくさんの人々の共感をよび、1991年 8 月にこの森を買い入れることができました。面積は 1 万平方メートルくらいしかない小さな森ですが、1 万人を超えるとてもたくさんの人たちの気持ちが実をむすんでできた森なのです」とあり、典型的なナショナル・トラスト運動の実例と分かる。

　トトロの森は2021年11月現在55号地まで取得が進んでおり、すべてが耕作放棄地だったわけではないが、16号地取得の説明には「所沢市北野南 2 丁目にある北野の谷戸は、長い間耕作が放棄されて荒れた状態にありましたが、地元のご理解とご協力をいただき、2009年から谷戸環境の回復作業に取り組んできました。ボランティアの皆さんと水稲の作付けや雑木林の管理などを行なうことによって、少しずつ昔の風景がよみがえってきています」とあり（下線部筆者）ここも長年にわたる耕作放棄地への対応だったことがうかがえる。

　なお、ここでいう「昔の風景」が示す具体的な内容は、コナラとウワミズザクラを主体とした落葉広葉樹林を基盤とする里山管理を言っているようであるため、やはり類型 a にあたる。また、純粋な自然（原自然）への返還で

写真1-1　トトロの森 1 号地（左）および16号地（埼玉県所沢市）
出所: https://www.totoro.or.jp/intro/national_trust/index.html

はなく、水稲の作付けなど農的行為も行われているため、類型 d とも分けられる。トトロの森16号地は2012年3月19日に1,046平方メートルがこの財団法人へ無償譲渡されたものである。

　また、千葉県市原市において「荒れ果て原野化した谷津田」に菜の花やクローバーなどを植えて土壌を肥やしながら里山を再生させ、養蜂によって6次産業化を目指す注目すべき事例があるが、これについては第2章で詳述する。

3．類型 b

　類型 b は、文化的景観保全のために野焼きを維持する土地利用である。野焼きという言葉は、ゴミや落ち葉を行政のゴミ収集に出さず、個人宅の庭や河川敷などで燃やしてしまうことをそう呼ぶこともあるが、本書では主に草原を維持するために草地やヤブへ火を入れる大規模な行為をいう。例えば、山口県の秋吉台では、特別天然記念物および国定公園でもある優れた石灰岩地形景観を維持するために毎年春に火を入れており、これを地元では「山焼き」「春を呼ぶ早春の風物詩」と呼んでいる。また静岡県伊豆半島の大室山は、4,000年前の火山噴火が生んだまだ若いスコリア丘で、美しい草原に覆われており、観光客から「抹茶プリン」とも呼ばれ親しまれているが、この景観を維持しているのも毎年春に火を入れているためで、ここでも「山焼き」「伊東の春の風物詩」「700年あまりの歴史を持つ伝統行事」などと呼ばれている。こうした事例は実は我が国においてかつては枚挙にいとまがなく、北九州市の平尾台であるとか、男鹿半島の寒風山であるとか数々挙げられるが、これらは元々主に草を資源とする農業生産活動のためであり、それが近代化にともない草が資源として必要でなくなったため、新たに「ススキがたなびく観光景観」「人間と自然環境の関わりが生んだ文化的景観」として維持する目的が変わったものである。阿蘇山の草原も毎年春の「野焼き」によって維持されている景観だが、これについてはもう少し事情が異なるため別項で詳細する。

4．類型 c

　類型 c は、耕作地を放棄する過程において、そこを固有な生物種の生息地またはその生存を支える後背地として活用しようとするものである。この事例としては、兵庫県豊岡市のコウノトリ復活の取り組みがある[2]（梶原、2015）。

　地元農家らはもとよりコウノトリ復活に協力的だったわけではなく、むしろ否定的でさえあった。しかし、耕作放棄地をめぐる地元農家の利害と一致したことがターニングポイントとなり、耕作放棄地を整理してコウノトリを保育する場所として確保し、耕作を続けられる農地はコウノトリの餌となるカエルや昆虫が生息できる無農薬圃場とするなど、行政も農協も支援した成功事例である。本研究の「如何に耕作放棄地を自然へ還すか」という趣旨に照らしてみれば、これも一つの理想的な方向性と捉えられる。

　もう一つ、類型 c として、対馬の事例が挙げられる。ここにはツシマヤマネコという希少種がいる。環境省のウェブサイトによれば、1994年 1 月に国内希少野生動植物種に指定され、現在国の天然記念物となっている。レッドリストでは絶滅危惧 I A類。対馬にのみ生息し、生息数は推定100頭弱。また2016年の対馬市の耕作放棄地面積は514ヘクタールとある。具体的な取り組みとしては、中山間地域である佐須地域で農事組合法人を中心に、水稲やソバの集約化を進めて耕作放棄地を防ぐ取り組みや、佐護地域でツシマヤマネコと共生した特色ある米生産等と加工品等の取り組みを進めるともある[3]。コロナ禍のためインターネットを通じて状況を伺ったところ、農地を計画的に自然に還す活動はないが、ツシマヤマネコは里地里山を好むため、ヤマネコブランドの米を作る取組等で里山景観を残しているという。希少種を保全するために、その餌となるネズミを増やすべく、ソバ[4]を栽培しながらわざと収穫せず、放棄している。この事例は、積極的な耕作放棄地の活用および生物多様性保全的土地利用の転換という意味で類型 c と思われる。

　この類型 c においては、このほか佐渡のトキや韓国のスンチョン湾湿地（第

12章）、また仮想市場法（CVM）を用いた定量的研究（第5章）のように、既にいくつか研究先例の蓄積がある。

5．類型 a 、 b 、 c の複合形

　阿蘇山は、今も活発に噴煙を上げる活火山であり、またその火山が形成した日本最大級の火山カルデラ上に美しい草原が広がる人気の観光地でもある（観光地としての阿蘇山と、その対価を農業者らに還元する支援策の仕組み作りについては第4章を参照。また関連して寄付つきグリーン電力販売による農業支援の取り組みについて第6章を参照）。

　阿蘇山における「自然」とは何か。阿蘇山は、突然火山が噴火し大量の火山灰を周辺農村へ降り散らすのみならず、冬には大量の雪が降り、梅雨から夏には大量の雨が降り、秋から春には霜が降る。風も強く、豪雨は度々土石流災害の惨禍を巻き起こす。そうした厳しい環境で地元の農家たちはカルデラ外輪山周辺での農耕を諦め、その代わりにウシを飼育して放牧場として土地利用してきた。阿蘇山のカルデラに広がる壮大な草原は、こうした畜産農業的背景の元に展開された二次的生態系であり、暗い森林生態系では生きられない、明るい草原を好む草原性の生態系生物種が生き残り、希少な大陸遺存種である野花や、それを食草とする昆虫類、さらにカヤネズミなどの哺乳類やセッカといった鳥類たちも生き残った。

　このような独自の生態系を持つ阿蘇地域は1934年に国立公園のみならず、2013年にFAOよりGIAHS（世界農業遺産）のタイトルも取得している。ただし阿蘇の農民たちが畜産農業を放棄すれば、放牧地である草原は必要がなくなって消失し、そこに生きている希少な動植物たちも生きられなくなる。つまり、牧野を放棄し、豊かな生物多様性を喪失させることを「自然へ還す」と呼ぶかどうかのジレンマである（梶原、2015）。阿蘇の農民たちが草原維持を放棄し、自然へ還すということは、そうした我が国農業が持つ世界的なイニシアチブの一部も失うことになる。もちろん「美しい」草原景観を求めて来る観光客たちをも失うことになる。こうした農業が高い環境価値を提供

している点について、英国のダートムーア国立公園の事例も第10章であわせて参照されたい。

　さらに、NPO法人阿蘇花野協会の活動をみると、彼らは放棄され藪化した放牧地を買い取り、火入れを再開することで「美しい」草原を再生し、埋土種子たちの発芽を促し、ハナシノブやヒゴタイ、ツクシマツモトといった草原性希少種の保全をはかっている[5]。彼らは阿蘇の草原と花野を愛する市民らの募金によって活動を続けているため、類型 a のナショナル・トラストの形とも重複する。また、山に火を入れ、観光客たちにも人気な美しい文化的景観を保全するという意味では、山口県の秋吉台や静岡県の大室山のような類型 b とも重複する。ただし阿蘇山を、同じ火入れをしながら類型 b と同一としない理由は、秋吉台や大室山が観光業における草原景観の維持を主要な目的としているのに対し、阿蘇山は放牧地という畜産農業の維持が主要な目的だからである。すなわち阿蘇山は類型 a も類型 b も類型 c もみられる複数の要素が重複するフィールドであるが、もとより**表1-1**は各々きっかり細分化できるものではなく、現実には互いに重層するものとみるべきだろう。

6．類型 d

　我が国においては、なるべく耕作放棄地を出さない方向で農業政策が制度設計されるため（たとえば第 7 章の一社一村しずおか運動の取り組みを参照）、類型 e は無論、類型 d の先駆事例を見つけることも現在のところ難しい。そこで視点を海外へ移し、台湾の武陵農場を類型 d の事例として章を分けて紹介したい（第11章）。ここは耕作地の放棄という農政的課題は共通するものの、それに加えて台湾独特の社会的背景もあるため、そのまま日本に当てはめられるかどうかは議論が必要だが、一つのありかたとしてあげてみたい。

　いまここで簡単に第11章の内容を少しだけ類型に合わせる形で紹介するならば、台湾の中央山地に武陵農場と呼ばれるエリアがあり、ここはかつて大規模な農場であったものが、現在では（公式的には）完全に農業生産から撤退した場所である。撤退した理由は少子高齢化や農業人口の減少ではなく、

契機は自然災害であったが、やむを得ず耕作を放棄したというよりはむしろ積極的に「自然へ還そう」とした事例としてあげられる。その自然への還しかたも、類型 a のような里山でなく、類型 b のような文化的景観の維持でなく、類型 e や f のように放棄後にまったく自然へ委ねるものでもない（類型 c に関わる部分はあるが、それが中心ではない。第11章で詳述する）。耕作を放棄したあとも緩やかに人間の管理が入っている形であり、こうした類型は今のところ我が国では積極的な事例をみない。それは未だ耕作放棄地の問題が農地減少の問題（つまりどうすれば再び農地へ戻せるかという問題）として捉えられているためだが、今後は我が国においても台湾の武陵農場のような議題はあがってくるものと思われる。

7．類型 e

　類型 e の具体的な実例をみてみよう。宮城県気仙沼市において2019年 9 月21日、東日本大震災に関連した災害復旧工事が行われた。そのことに関し、気仙沼市にあるNPO法人森は海の恋人はフェイスブックおよび事務局日誌ブログにおいて次のように紹介している。「東日本大震災の災害復旧工事の一環で、河川護岸を撤去するという珍しい工事が行われました。気仙沼市唐桑町舞根地区では約40年以上もの間耕作放棄地だった土地が、震災の影響で地盤沈下し塩性湿地へと変わり、豊かな生態系を取り戻しつつあります。その湿地沿いの河川護岸の災害復旧工事として行われたのが、西舞根川左岸の約10mの開削工事です。これにより、湿地と河川との水交換が良くなり、より変化に富んだ生態系へと変化していくことが予想されます。専門家によれば、災害復旧工事の枠の中でコンクリート製の護岸を造るのではなく、逆に壊す工事というのは日本で初めてだそうです」（下線部筆者）。

　下線部をみると、40年以上にわたった耕作放棄地を「豊かな自然」へ還す、という趣旨に鑑みれば、本研究との重複性および類似性が見て取れる。そのためこれも本研究が検討する望ましい将来像の一つとして候補にあげられようが、ただしここは耕作放棄地とはいえ、東日本大震災の影響による地盤沈

下で塩性湿地となったために農業自体を諦めねばならなくなったという強制的な背景はやや本研究の趣旨とは異なろう。

　また、かつての護岸工事により両岸をコンクリートで覆っていたものを、また剥がして自然へ還すという事例は、実は農水省ではなく国交省においてすでにみられている事業であり（多自然型河川改修）、これを利用した河川環境教育プロジェクトを国交省は「水辺の楽校」と呼んでいる。たとえば福岡県久留米市を流れるある川において、護岸コンクリートが剥がされ、九州の固有種であるアリアケギバチが復活したのもこのプロジェクトによる成果だった。こうした事業は結果的に「耕作放棄地を積極的に自然へ還す」活動の一つにも加えられようが、しかしこれが本研究の本来の趣旨かと言えば少々考えねばならない。ただしこれを「種の保存」の流れの中でみれば、類型cとしても展開できる。

8.　類型 f

　類型 f は、類型 a ～ e までのような今後の具体的な土地利用の見通しを立てずに、耕作をただ停止した土地であり、特に典型的な事例があるわけではない。ただし本章第1節で示した通り、こうした土地の表現方法にはゆらぎがある。現在最も一般に聞く表現は「耕作放棄地」であろうが、この言葉には耕作を「放棄する」という意識が含まれている。そこでなんらかの理由で今年は耕作をしていないけれども、放棄したつもりはないという土地はどのように表現できるのか。また、当代が放棄した土地を次世代が受け継ぎ、またその次の世代が引き継いだとき、彼らの中には改めて「放棄した」という意識はないであろう。つまりこの「耕作放棄地」という表現は、最初に「放棄した」部分を社会問題視化した、やや報道的な色合いもある言葉なのである。もしこれで統計データを取るならば、厳密には放棄するつもりがあるのかどうかの意識の部分も問わねばならなくなる。

　そこで現在統計用語として出てきたのは「荒廃農地」であり、これならば主観を問わず客観的に土地の状態を表すことができる。遠方へ移動し、不在

地主化した者に耕作継続の意思を確認することもない。現在我が国においてはこうした問題が表面化している段階のため「耕作放棄地」という表現が未だ多いが、いずれそうした状況が定着すれば、今後は「荒廃農地」という表現が最も聞かれるようになるかもしれない。本書はそうした時代へ向けた研究である。

第3節　耕作放棄地への対策例と地域振興

養蜂は自然景観を残しながらも、人間が手を加えて利用し続けていけるため、耕作放棄地を自然へと還しながらも管理することが期待される。**表1-1**でいえば、類型aを基盤にしながら、状況によっては類型bにもcにもdにもコミットできる農業経営であろう。そこで、本書では養蜂業と地域振興について考えるため、第2章では我が国の蜂蜜生産と養蜂における地域振興を検討し、第11章では台湾の養蜂業の現状と森林養蜂についての調査報告を扱っている。

1．阿蘇における養蜂業の現状と耕作放棄地対策

阿蘇山麓には杉養蜂園という売上高48億円の株式会社が店舗を構えており、創業者の杉武男氏へ聞書き調査を行った。杉氏によると、阿蘇山へ来た理由としては、養蜂業を志したとき家から近く、また野花が多いと考えたからであり、著名な観光地であることからよい宣伝にもなっているという。そのため会社の本社は熊本市に置きながら、夏場のハチたちの蜜源として、また広報宣伝の拠点とし阿蘇山で活動を続けているという。

この杉氏の言説において、NPO法人阿蘇花野協会の瀬井氏の言説とも重なり注目されるのは、阿蘇山は野花が多いということである。逆説的になるが、阿蘇山が元来農耕には厳しい環境の土地であったため、農民たちが山に火を入れ草原として利用してきた歴史に由来する。そのため、森林生態系へ遷移せず、草原生態系のままであり続け、中国大陸系の遺存種、襲速紀系と

呼ばれる東方系、また北方系、南方系、元々あった土着の花々と多様な野花たちが一堂に会し、ジーンバンクと呼ばれるまでに文字通り花開いたのである。耕作が放棄された放牧地に火を入れ、かつての「花野」を再生するという瀬井氏らの活動は、養蜂業の成立基盤保全とも一致する。

　この阿蘇山の美しい草原維持を願う市民らが資金を出し合って放棄された放牧地を購入し（類型 a ）、人と自然がつくる文化的景観を保全し（類型 b ）、そしてもし例えばニホンミツバチの保全まで繋がれば（類型 c ）、一つの理想的な耕作放棄地対策のありかたとなろう。その場合、問題となるのは火入れの労力と、そして彼らの活動資金である。売り上げからここへ資金フローを繋げていく制度設計が、持続可能な社会システム構築の鍵となってくる。この点に関しては、英国での新しい自然再生や農業環境支払いの事例を、第8章および第9章で参照されたい。

　次いで阿蘇山麓においてかつて養蜂業を行っていた者の記憶を追ったが、その詳細はつかむことができなくなっていた。現在において、阿蘇山で養蜂業を復活させようとしても、阿蘇山だけでは経営は難しい。季節に応じ全国広く蜜蜂たちを移動させる必要があるからである。そのため養蜂業は土着の産業となりにくく、「地域振興」への繋げ方について検討せねばならない。ただし、移動しない森林養蜂という形態もあり、比較検討することができる。その台湾における事例は第11章でみてゆく。

　このような農家経営としての養蜂業が現在の阿蘇において存続できるとすれば、蜂蜜の生産というよりイチゴ農家への虫媒支援（ポリネーション）である。真冬に収穫を目指すイチゴ栽培は、蜜蜂なくしては成立せず、また冬の間は餌となる野花がないため、イチゴ農家たちが蜜蜂をレンタルしてくれることは養蜂業の経営支援となっている。こうしたポリネーションが経営として持続できるのであれば、耕作放棄地の再利用によって養蜂業が生きていける余地はあると思われる。問題は、耕作放棄地に植えられた花と阿蘇草原の花から得られる蜜の量、そしてポリネーションによって得られるレンタル料により規定されるだろう。

2．養蜂業による6次産業化

　耕作放棄地を花畑に変え、その地で養蜂業を行っていくだけでは、地域振興を図れるものではないと、調査を行う度に指摘されてきた。冬場など花の少ない時期への対処から、どうしても一つの土地にとどまることが困難だからである。そうなると、移動する養蜂業者との連携やイチゴ農家へのポリネーションの導入、さらには蜂蜜だけでなく、蜂蜜関連商品の開発など、総合的な6次産業化としての取り組みが重要となる。そのような事例として、第2章では市原市において数十年も放棄された山林や農地を再生し、花の種を植えて美しい里山の姿に変え、蜂蜜を採り、菜の花の油を搾り、入り込み客を呼び寄せる里山再生の事例を取り上げる。

おわりに

　本章では、まず「耕作放棄地」や「荒廃農地」等の用語を整理し、それら面積の推移を統計データによって確認した。次いで、耕作放棄地を自然へ還すといったときの方向性を類型に分けて考えた。そして、そのまま放棄するのでなく、ある程度人間が手をかけながら、より自然的な景観へ土地利用をシフトしていく方法が望ましいのではないだろうかと考えた。つまり阿蘇山のように、外観的には一次的な自然生態系に見えながら、内部まで見ると実は人間たちの手がかかっている二次的な生態系のありかた、できうるならばそれが地域振興へも繋がるような事例を本研究では模索するため、養蜂を取り上げた。農地を自然へ還しつつ、その自然を利用して粗放的で省力的な農業経営も行えるからである。この具体的な検討については第2章以降で行う。

　今後は他にも有効な業態や制度設計がないかを模索しつつ、地域振興に如何に繋げるかも考えていかねばならないが、現在までのところ、積極的に耕作放棄地を自然へ還す方向で努力しているようなフィールドはごく僅かと思われる。それは、現代日本において耕作放棄地は未だ「解消しなければなら

ない問題」であるためで、その解消とは農業活動の復活を意味しているからである。

注

（1）過去には、「遊休農地に関する調査」が行われていたが、現在は荒廃農地調査と一本化されている（農林水産省、2022）。なお、荒廃農地に関する調査は、その前身調査である「平成20年度耕作放棄地全体調査（耕作放棄地に関する現地調査）」が2008年度より開始され、その後2011年度の調査から現在とほぼ同様の定義による調査となっている。現在の「荒廃農地の発生・解消状況に関する調査要領」に基づく調査となったのは、2012年度調査からである。また、2015年度までは、調査対象のうち、全域を調査できなかった市町村が存在するため、推計値として公表されている。本稿では、比較可能と考えられる2011年度からのデータを表示している。

（2）筆者は1971年に野生絶滅した日本のコウノトリをめぐり、その復活を目指す環境省および兵庫県庁と、耕作放棄地を含む圃場整備に悩む地元農家たちの2つの軸が、生物保全と農業保全という本来互いに異なる志向性を内包しながらも、やがて徐々に収斂してゆき、互いの利害が一致して、2005年に秋篠宮文仁親王・紀子妃も参加しての放鳥式典にまでこぎつけた物語を描いた。

（3）この加工品とは日本酒醸造を指しているようである。

（4）対州ソバという在来種である。

（5）2004年10月24日、中心的主導者である瀬井純雄氏らにより設立され、2005年2月23日に認証されたこのNPOは「長い歴史の中で育まれた阿蘇地域に固有の動植物や草原生態系などの生物多様性を、持続可能な方法で適切に保全して、阿蘇に生育する種の絶滅の防止・回復を図り、阿蘇の野の花を未来に引き継いでいく」（定款より）ことを目的としている。法人の名称は阿蘇山の草原性の野花が咲き乱れる原野を「花野」と呼んだことに由来するものであり、NPOは現在阿蘇郡高森町で放棄された牧野の「自然」再生を管理している。

参考文献

梶原宏之（2015）「コウノトリ育む農法のフロンティア」、矢部光保・林岳『生物多様性のブランド化戦略:豊岡コウノトリ育むお米にみる成功モデル』筑波書房、pp.95-115。

梶原宏之（2015）「阿蘇カルデラと文化」、山中進・鈴木康夫『熊本の地域研究』成文堂。

竹島久美子（2018）農地所有者の不在村化と農地利用の後退、農林水産政策研究所『日本農業・農村構造の展開過程—2015年農業センサスの総合分析—』、

pp.145-166。

農林水産省（2021）遊休農地に関する措置の状況に関する調査要領について
https://www.maff.go.jp/j/nousin/tikei/houkiti/attach/pdf/index-14.pdf（2023
年 1 月23日アクセス）。

農林水産省（2022）地方への人の流れを加速化させ持続的低密度社会を実現する
ための新しい農村政策の構築　https://www.maff.go.jp/j/study/tochi_kento/
attach/pdf/index-121.pdf（2023年1月23日アクセス）。

第2章　蜜源作物の導入による荒廃農地の解消の可能性

楠戸 建・梶原 宏之・矢部 光保

はじめに

　1章で述べたように、「我が国の農村には、農業生産の基盤である農地や水資源、森林などが存在し、食料の安定供給のみならず、災害防止を通じた安全な国土の形成、さらには、生態系の保全や歴史の伝承等の面で大きな役割を果たしている。しかしながら、我が国の農地は、1961年の609万ヘクタールをピークとし、都市化の進展等に応じて徐々に減少してきており、今後は、高齢化や労働力不足により、農地としての維持管理が困難となり、こうした多面的機能の発揮に支障を及ぼすことが懸念されている」（農林水産省、2022）。

　このような中で、農業生産の維持・向上の努力を払っても、これまでと同様の農業生産が困難な場合には、粗放的な利用等による農業生産（放牧・景観作物やエネルギー作物の作付け・有機農業等）や、鳥獣緩衝帯等の農業生産の再開が容易な用途として利用する仕組みや、農用地として維持することが極めて困難であり、かつ、将来農用地として利用される見込みがない土地ではあるものの、林地としては有望であるような土地を森林として利用する仕組みも含めて検討されているところである（農林水産省、2022）。

　農山村の景観を維持しつつ、粗放的な利用等による農業生産を行う一形態として、蜜源作物の導入が挙げられ、農林水産省（2021a）においても、荒廃農地の解消事例の一つとして山梨県甲府市の『耕作放棄地のお花畑化プロジェクト』等がその優良事例として取り上げられている。本章では、このような蜜源作物の導入による荒廃農地の解消可能性について取り上げる。

　まず、第1節では、蜜源作物を導入しても、そこで生産された生産物が適切な価格で販売されることなしには、持続的な管理方法とは言えない。したがって本節では、このような観点から、荒廃していた農地を適切に維持管理しつつ生産された国産蜂蜜について、消費者はどのような選好をもつのかについてアンケート調査を行った結果を示し、その結果から蜜源作物の導入の可能性について検討する。次いで、第2節では、阿蘇と市原市における養蜂の事例調査から、養蜂による荒廃農地の解消の可能性について考察する。

第1節　蜜源作物の導入によって生産された国産蜂蜜の消費者需要分析

1．蜜源作物の減少と国内の養蜂の状況

　ここでは近年の養蜂と、蜜源作物の動向について概観する。農林水産省（2021b）によると、国内における蜜源植物の面積は減少傾向にあり、2020年においては10.7万haとなっている（**表2-1**）。

　一方で養蜂の状況は、2013年に養蜂振興法が改正され、趣味の養蜂まで届出義務が拡大されたことから、ミツバチの飼養戸数は2014年にかけて増加している。その後はほぼ一定水準で推移しており、図には示していないが、蜂群数で見てもほぼ同様の傾向となっている。2021年における蜜蜂の飼育戸数は10,529戸、蜂群数は224,000群となっている（**図2-1**）。

　蜂蜜の2020年の国内生産量は約3,000トンで、多少の変動はありつつも、近年は一定水準で推移している。

表2-1　蜜源植物の植栽面積

（千 ha）

	2012年	2013年	2014年	2015年	2016年	2017年	2018年	2019年	2020年
みかん	51.3	43.8	39.4	34.9	31.9	35.5	35.6	35.7	34.9
れんげ	12.8	10.8	8.9	8.8	8.4	6.6	4.2	4.2	3.7
アカシア	8.6	7.5	7.9	6.2	5.0	6.7	5.4	4.6	3.8
りんご	23.4	22.1	21.5	21.2	20.6	22.4	21.4	21.2	21.4
その他	64.9	63.7	64.6	64.1	54.9	60.8	52.0	51.2	43.2
合計	160.9	148.0	142.3	135.2	120.8	132.0	118.6	116.9	107.5

注：農林水産省（2021b）より引用。

2．国内の蜂蜜消費に関する状況

　図2-2に示したように、国内の蜂蜜消費は、近年拡大傾向にあり、2020年現在で52,259トンとなっている。しかし、国内で生産量はほぼ横ばいであることから、もともと高かった輸入量がさらに増加傾向であり、現在は国内生産量の占める割合が5.6％（家庭用仕向け全体に占める割合は10％）となっている（図2-3）。主な輸入先は中国であり、総輸入量の約7割を占めている。

　国内市場の拡大傾向や、食料の安定供給の確保という観点からも、蜜源作物の導入による荒廃農地の利用は有力な解決方策の一つであると言える。

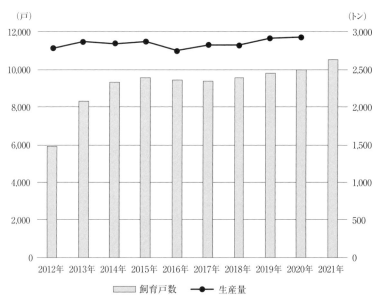

図2-1　蜜蜂飼育戸数と国内はちみつ生産量の推移

注：農林水産省（2021b）のデータを用い筆者作成。

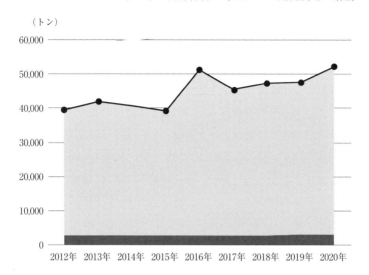

図2-2　蜜蜂の国内生産量と輸出入量および国内消費量

注：農林水産省（2021b）のデータを用い筆者作成。

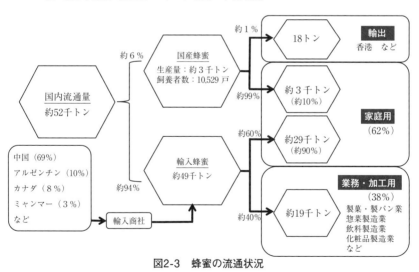

図2-3　蜜蜂の流通状況

出所：財務省「貿易統計」、畜産振興課調べ。

３．蜂蜜消費に関するアンケート調査

（1）アンケートの概要

　以上のような背景を踏まえて、国産蜂蜜の需要を明らかにするために、インターネットアンケート調査を行った。2021年１月８日から１月12日の間でインターネット調査会社のモニターを対象とし、1,000サンプルの回答を得た。

　質問は、蜂蜜の購入経験と購入頻度、使用方法、購入時に重視することや、蜂蜜に関する知識を質問したうえで、国産蜂蜜への選好（購入意志）に関する質問を行った。その結果について、以降で紹介する。

（2）国産蜂蜜への選好の調査

　調査対象の1,000サンプルに対して国産純粋蜂蜜への購入意志を尋ねる質問を行った。比較対象として、「ブルガリア産純粋蜂蜜（2,000円／300ｇ）」「アルゼンチン産純粋蜂蜜（800円／300ｇ）」「カナダ産純粋蜂蜜（700円／300ｇ）」「中国産純粋蜂蜜（400円／300ｇ）」「外国産加糖蜂蜜（300円／300ｇ）」とし、「どれも購入したいと思わない」も回答できるようにした。このような比較対象を提示したうえで、国産純粋蜂蜜300ｇの値段を、3,000円、2,000円、1,500円と三段階に順番に下げ、国産純粋蜂蜜を含むどの蜂蜜を購入するか選んでもらった。

　ただし、これまで蜂蜜の購入経験のない回答者は、蜂蜜購入時をうまく想像できない可能性が高いため、蜂蜜の購入経験があるサンプルに焦点を絞って分析を行った。また、国産純粋蜂蜜の価格が高い時に購入意向があるにもかかわらず、値下げした際に購入意向がない場合は、回答に一貫性がないと理解できるため、このようなサンプルを除き、最終的には760サンプルを用いた。その結果が、**図2-4**のとおりである。

　国産純粋蜂蜜を購入したいと回答する割合は、価格を下げるごとに上がり、3,000円／300ｇのときには33.0％が購入意向を示していたのに比べて、2,000円／300ｇのときは4.2％上がって37.2％、1,500円になると46.2％が購入意向

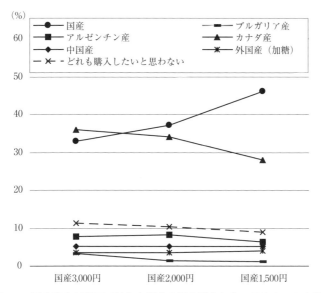

図2-4　国産蜂蜜が値下がりした場合の最も購入したいはちみつの変化

を示していた。

　このことから、国産純粋蜂蜜は、高価であっても一定の支持があることがわかる。ただし、3,000円から2,000円に値下げしたとしても、消費者の購入意向は4.2％しか上昇しない。さらに、1,500円程度に値下げすると半数程度の消費者が購入意向を示した。その際には、比較的安く、ブランドイメージのあるカナダ産を選んでいる消費者が、手の届く範囲になった国産純粋蜂蜜を選ぶようになったと読み取ることができる。ただし、この程度の需要増加であれば、価格低下によって売上総額は減少してしまう。他の原産国や、どれも購入したいと思わないと回答していた消費者も、国産蜂蜜が1,500円程度になると一部が国産を選ぶようになるが、カナダ産を選んでいた消費者ほど変動は大きくなく、それほど購入意向を変えないことも確認できる。

（3）国産純粋蜂蜜への購入意向の分析

　先程述べたように、3,000円から2,000円に値下がりしても、ほとんど国産

が選択される割合に大きな変化がないことから、ここでは、①3,000円のとき に購入意向があるグループ（33.0％）と、②3,000円では購入しないが1,500円 になると購入したいと思うグループ（13.2％）、③1,500円に値下がりしても 国産純粋蜂蜜を選ばないグループ（53.8％）に分けて、それらのグループが、 どのような要因によって分類されるかについて分析することで、国産純粋蜂 蜜の潜在的消費者層の特徴を確認する。分析においては、760サンプルのうち、 世帯年収についての質問に回答のあった607サンプルを利用した。

　分析には、先ほど示した３つのグループを被説明変数とした決定木分析を 用い、説明変数には、**表2-2**に示したデータを用いた。モデルの複雑度を示 すCP（complexity parameter）を変化させ、分類性能と解釈の可能性から 最も妥当と考えられるモデルを採用した（CP=0.005）[1]。

　その結果、特にグループ①の3,000円のときに購入意向があるグループに 所属する確率が高いのは、純粋蜂蜜の意味を知っており、買い物でクーポン や特売をいつも使っているわけではない63歳以上の比較的高年齢層であった。 また、62歳以下であっても、購入頻度が半年に１回程度以下の消費者や、購 入する農産物の産地をとても意識する消費者、あるいは、エコバックをあま り持ち歩いていない消費者が挙げられる。また、買い物でクーポンや特売を いつも使っている節約志向の消費者であっても、同居人数が２人以下で、57 歳以上の比較的高年齢層もグループ①への所属確率が高い。他方、純粋蜂蜜 の意味を知らない消費者であっても、購入する農産物の産地を意識し、食べ 残しをいつもしないような節約志向ではなく、購入頻度が１年に１回以下の 消費者もグループ①への所属確率が高い。また、量より質を重視し、世帯年 収が1,000万円以上の45歳以上の消費者もグループ①への所属確率が高くな っている。

　以上から、高年齢層の、あるいは、高所得層等で生活に余裕のある消費者 の、または購入頻度の高くない消費者がたまに購入する贅沢としての、国産 蜂蜜需要の存在が明らかになった。

　さらに、蜜源植物が減少しつつあることについて知らない消費者は国産蜂

表 2-2　説明変数の定義

変数	変数の定義
購入頻度	蜂蜜を購入する頻度はどのくらいですか。 （6段階：1か月に1回以上〜1年に1回未満）
使用頻度	蜂蜜を実際に使用する頻度はどのくらいですか。 （8段階：ほぼ毎日〜年に1回未満）
純粋はちみつの意味	純粋蜂蜜とは、厳しい品質基準を満たした天然成分100%の蜂蜜です。このことを知っていましたか。（知っていた、知らなかった）
蜜源植物減少知識	近年日本国内で蜂蜜の採れる花が少なくなっていること （3段階：知っていた、多少知っていた、知らなかった）
産地意識	普段米を購入する際、産地をどの程度意識するか （5段階：全く意識していない〜とても意識している）
食品表示意識	普段生鮮食品を購入する際、食品表示をどの程度意識するか （5段階：全く意識していない〜とても意識している）
食事バランス意識	食事の栄養バランスを意識しているか （5段階：全く意識していない〜とても意識している）
CO_2意識	CO_2の削減を意識しているか （5段階：全く意識していない〜とても意識している）
生物多様性意識	身の回りの生物多様性を意識しているか （5段階：全く意識していない〜とても意識している）
日頃の行動_三食	1日3食摂っている （5段階：全く行っていない〜いつも行っている）
日頃の行動_運動	意識的に運動を行っている （5段階：全く行っていない〜いつも行っている）
日頃の行動_健康	健康で長生きできるように特別なことをしている （5段階：全く行っていない〜いつも行っている）
日頃の行動_エコ	エコバッグを持参して買い物に行っている （5段階：全く行っていない〜いつも行っている）
日頃の行動_食品ロス	食べ残しをしない （5段階：全く行っていない〜いつも行っている）
日頃の行動_ゴミ分別	ごみを分別している（資源ごみ等） （5段階：全く行っていない〜いつも行っている）
日頃の行動_質より量	質より量で買い物をしている （5段階：全く行っていない〜いつも行っている）
日頃の行動_買い物	日常の買い物でも、お買い得品を求めて何件かお店を回ることがある （5段階：全く行っていない〜いつも行っている）
日頃の行動_クーポン	買い物でクーポンや特売を利用している （5段階：全く行っていない〜いつも行っている）
同居人数	ご家庭の同居人数はあなたを含め何人ですか（人）
世帯年収	ご家庭の世帯年収を教えてください （6段階：100万円未満〜1,000万円以上）
性別	性別（男性、女性）
年齢	年齢（歳）

蜜を購入しない傾向にあることが明らかになった。生物多様性・CO_2削減に関する意識については、モデルを複雑にしても変数としての重要度が高くはなく、国産蜂蜜への購入意志には大きな要因にはなっていないことも明らかになった。

４．小括：蜜源作物の導入による蜂蜜生産の可能性

　本節では、消費者の選好にもとづいて、蜜源作物の導入による荒廃した農地再生の可能性を検討した。その結果、蜂蜜の購入経験があるうちの３割以上が3,000円／300ｇであっても国産純粋蜂蜜への購入意向があり、1,500円／300ｇまで値段が下がると半数程度が購入意向を示した。現在、家庭用消費の10％が国産であることを鑑みると、値段が高くても国産蜂蜜を購入したいという消費者は、一定数が存在すると言えよう。また、価格が半額程度になれば、約半数の消費者が購入意向を示すことから、粗放的な蜂蜜生産の方法が確立し、安く国産純粋蜂蜜が提供できるようになれば、さらなる荒廃農地の再生利用も可能になると考えられる。

　また、高くても国産蜂蜜を購入したいという消費者は、純粋蜂蜜についての知識がある消費者や、農産物の産地を気にする消費者、高年齢層・高所得層等の日々の生活に余裕のある消費者、購入頻度がそれほど高くなく、贅沢としてたまに購入する消費者などが挙げられる。

　蜜源植物が減少しつつあることについて知らない消費者は国産蜂蜜を購入しない傾向にはある。また、生物多様性・CO_2削減に関する意識は、国産蜂蜜購入の大きな要因にはなっていないことから、このような社会的・環境保全的な側面は国産蜂蜜の高評価の要因になっているわけではない。

　以上のことが、アンケート調査から明らかになったが、実際に蜂蜜生産を地域振興につなげるためには、単に蜂蜜をそのまま販売するだけではなく、例えば、蜂蜜を原料にしたお菓子など蜂蜜関連商品の開発と販売、蜜源植物で構成される景観を活用した集客活動など、より重層的な活動が必要と考えられる。

　次節では、養蜂の活動、さらに、養蜂を核とした地域振興方策など、現地調査による知見を示す。

第 2 節　養蜂活動の事例調査

1．民間企業による阿蘇山養蜂

　杉養蜂園は熊本県熊本市に本社をおく株式会社で、主な事業内容は蜂蜜ローヤルゼリー・プロポリス等の製造・販売を中心に、現在では化粧品の製造・販売まで事業内容を展開している。会社の設立は1971年だが、創業者の杉武男氏が本腰を入れ出したのは1961年（昭和36）という。資本金830万円、2017年度の売上高48億円、従業員数は約470名、日本全国に60店舗の支店を持ち、香港や台湾、シンガポールなど現在海外にも 4 店舗を持つ、養蜂業の民間企業としては稀有な成功企業である。

　杉氏が阿蘇地域で初めて蜜蜂の飼育を行なったのは1962年である。現在の下野地区へは、その後広告宣伝の拠点として移動し、阿蘇みつばち牧場という大きな施設を建てて宣伝販売拠点を整えたのは、1985年だった。宣伝にもなったが、阿蘇は観光客が多いので、客層が広く増えていった。蜂蜜を扱う業者には 2 種類ある。一つはハチミツヤ（蜂蜜屋）であり、もう一つはミツバチヤ（蜜蜂屋）である。前者は養蜂家から蜂蜜を仕入れて販売する業者であり、後者は蜜蜂を飼育する業者である。蜂蜜はまがい物も少なくないので、実際に蜜蜂を飼育している養蜂業者から直接買うほうがイメージがよく、信頼度が高い。そこで杉養蜂園も「蜜蜂屋の蜂蜜」を売りにしている。こうした生産から加工、販売までを一気に扱う業態は、日本では 2 社くらいしかないという。

　養蜂を始めたきっかけは、特に大きな理由があったわけではない。昭和32年に、3 箱のタネバチを購入し、繁殖を試みて、1959年春に10箱、1960年春に18箱、そして1961年の春には32箱にまで増えた。収支を計算すると、食べていくだけの蜜が取れたので、これでやっていこうと決めたそうだ。

　それから繁殖と販路の開拓に力を入れ、自分で生産したものは直接家庭にまで届けるのがモットーで、今でも「生産からご家庭まで」という会社のキャッチフレーズになっている。終戦後のビジネスは百貨店が時代の先端を走っていたので、宣伝の場所として百貨店を選び、百貨店のバイヤーたちと接触した。昭和40年代は全国の物産展などに出品するため、ずっと飛び回っていた。しかし、平成3～4年頃にバブル経済が崩壊し、それから百貨店ビジネスは低迷している。

　阿蘇地域で蜜蜂を飼育するにあたっては、自分で色々と状況を調べたそうである。例えば夏の気温はどうか、野花は多いか。冬は熊本平野で繁殖させ、夏は阿蘇へ移る。夏に阿蘇に蜂箱を持って行く時は2,500箱ほど持って行くが、阿蘇山の全域に分散して置く。南は南郷谷を越えて宮崎県の県境付近まで置き、北は小国まで置いている。夏に蜂箱を持って行く先としては、阿蘇以外にも日本国内では秋田県の能代へも持って行く。ここはアカシアが多いので花が豊富だからだ。それから北海道は摩周、屈斜路、阿寒湖周辺あたり。ここも菩提樹の花を求めて行く。釧路と根室の間にある浜中町にも置いている。それから海外では、ニュージーランドにも置いている。2004年頃、70歳にな

創業者・杉武男（写真右）

写真2-1　阿蘇山で巣箱を設置し始めた頃の杉武男氏（右）
出所：杉養蜂園の歩み　https://sugi-bee.com/beginning/

ってから開発を始めたものである。ニュージーランドへ進出した理由は、直売店を展開して行くなかで、世界の蜜蜂もあったほうがいいかと考えるようになったからだ。ニュージーランドにはマヌカという特殊な蜂蜜があることを知り、そこからニュージーランドと本格的にやりとりをするようになった。今では毎年80〜100トンのマヌカハニーを日本へ持って来ている。蜜蜂の飼育も4〜5年してから始めてみた。

　養蜂企業がビジネスとして日本の耕作放棄地へ入っていけるか、と考えると、正直難しいと感じる。仮に数年補助金が出ても、生産基盤ができなければ難しい。花は人工的なものでもいいが、蜜蜂が増えればそれを養うための花も当然必要になる。たとえば熊本県の河内地方（現在は熊本市）はミカン栽培農家たちと、青森はリンゴ農家と養蜂業者で手を組むなど、土地の基盤が必要である。

　以前、静岡の大井川沿いに大きな土地を持っている会社があり、そこで養蜂事業を展開してくれないかと相談を受けたことがある。現地へ行ってみると、そこにある花では、量が少なすぎた。30年先、せめて15年先をみて、アカシアを植林したらどうか、山全体が観光地になるし、蜜が取れるし、土産

写真2-2　阿蘇北外輪山上で巣箱を設置する杉養蜂園
出典：杉養蜂園サイト　https://sugi-bee.com

もできると提案したのだが、実現しなかった。現状では、養蜂業としての適
地ではなかった。

　また、養蜂業は、一つの土地で一所懸命やっても、周囲に悪い人が来て駄
目になることがある。自分が一所懸命花を植えても、横から横取りする蜜蜂
とその養蜂家もいるからである。そういう問題もあるので、簡単に花を植え
ればいいという問題でもない。

2．個人業者としての阿蘇山養蜂

　次いで、南阿蘇村で養蜂業を営んでいた方から、話を聞くことができた。
昔は砂糖がなかったから、蜂蜜を取ろうとして、蜜蜂を飼ったという。時期
は1950〜1960年頃で、自家用だった。その後、砂糖も手に入るようになった
ので、養蜂はやめた。阿蘇は冬が寒くて長く、花がない。そのため、冬は、
砂糖が手に入るようになってからは、蜜蜂に砂糖をあげなければならなかっ
た。蜜蜂に砂糖をあげて、蜂蜜を売ったりしたので、儲けにならないから、
やめてしまったという。

　それでは、阿蘇では、養蜂は全てなくなってしまったかというと、そうで
はない。そこに若干、荒廃農地の問題も絡んでくる。近年阿蘇でも水稲の作
付面積が減少しているが、そのうちのいく分かを園芸農業へ切り替える農家
が増えている。特に阿蘇では冬季のハウスイチゴ栽培が盛んで、少なくない
農家がイチゴ栽培、さらに観光農園にまで展開している。イチゴは元来、植
物としては春先に結実する虫媒花であるが、冬に栽培されるようになった理
由は、クリスマスケーキにイチゴが必要なため、ハウス栽培されるようにな
ったからである。また、イチゴは結実するまでに時間がかかるほうが甘い実
が成る。そのため冬季のイチゴのほうが、甘みが深く人気があり、逆に春先
になると早く結実するため酸味が入ってくる。

　ここで、虫媒花でありながら、虫のいない冬季になぜイチゴが取れるのか、
ということだが、ここに蜜蜂と養蜂農家がからんでくる。実は阿蘇にもまだ
僅か蜜蜂を飼っている農家がおり、彼らが冬のあいだ、イチゴの園芸農家へ

蜂箱を貸し出しているのである。イチゴ農家らは蜂箱を自分たちのハウスの中に設置し、イチゴ栽培期間中蜜蜂たちはハウスの中を飛び回って結実の手伝いをしている。また、蜜蜂を守るために、ハウス内は低農薬となり、商品にも安心安全という付加価値がつく。こうした、養蜂農家と園芸農家の協働が現代の阿蘇でもみられる。ただし、イチゴ農家らに尋ねると、実際、冬のあいだハウスのイチゴだけで充分な蜜を蜜蜂たちへ与えられるかは微妙なところで、もしも足りない場合にはやはり蜂蜜を与えたりしなければならないという。また蜜蜂は低温では動かず蜂箱から出てこないため、彼らの活動を促すためにイチゴ農家はハウス内の暖房を稼働させて一定の温度以上に保たねばならない。このため燃料代が結構かかってしまうという話も聞いた。このことは、蜂箱のレンタル料にマイナスの影響を与えることになる。

　以上のような調査を踏まえ、蜜源植物を用いた荒廃農地対策の導入可能性は、阿蘇においても、検討の余地はあると思われる。ただし、阿蘇における養蜂業自体の存続は、荒廃農地に植えられた花と阿蘇草原の花から得られる蜜の量、そして蜂箱のレンタル料に規定されると考える。

３．都市近郊における耕作放棄地の自然再生と観光事業化

　耕作放棄地の再生事業は、その立地条件を上手く活かした事業運営の方法を見出すことが重要となる。以下で紹介する日本リノ・アグリは、首都圏近郊の千葉県市原市の中山間部に位置し、JR外房線の最寄り駅より車で15分で、首都圏からの日帰り入込客が十分に期待できる立地条件を持つ。社名の「リノ・アグリ」は「リノベーション（改善、修復など）・アグリカルチャー（農業）」の意味という。

　ここで耕作放棄地の再生を行っている日本リノ・アグリの代表は、地元の造園業者の社長でもあり、農業関連の技術とともに広い人脈、さらには店舗経営の経験を持つ人物でもある。そのような好条件が重なった結果、1980年代に住宅開発地として大手不動産会社が購入し、バブル崩壊によって宅地開発が放棄され、荒れ地と化した農地や林地の再生が可能になったといえる。

　再生対象となった土地面積は212haであるが、そこは林地を含む。中村（2021）によれば、農地であったところは谷津田であり、山からの湧き水が流れこむ谷間の湿田であった。そのような土地から、比較的生産条件よいところを20ha程度選び、造園会社を経営している社長が、土木工事の知識を活かして重機を投入し、数年もかけて土壌改良を行い、なんとか農地として使えるようにしたのである。土壌は痩せており、粘土質で物理的条件もよくなかったため、まずは、土壌改良のためマメ科植物を播種して、窒素を固定するとともに、すき込んで土壌の団粒構造を改善した。これらはコストの掛かる仕事であり、土壌改良だけに3,000万円以上を投下したという。

　このようにして土壌条件を改善した上で、やっと粗放な農業利用となる。まずは、比較的手間がかからず、製品の販売や加工、さらには集客施設への客数増加にも貢献できる、蜜源植物栽培とそれによる養蜂事業に注目した。蜜源植物としては、土壌改良効果はもとより、景観形成作物としても期待できる菜の花、クローバー、コスモス、ひまわり、ラベンダーを植え、集客にも貢献できるようにした。特に、菜の花は、千葉県の花でもあるため、農業振興地域には大型集客施設ができないのだが、県の花を活かした施設となることで、大型集客施設の建設許可を県から取る助けになった。さらに、菜の花からは、菜種油を得ることができるので、この菜種油を使った商品開発とともに、集客施設における土産の品揃えやレストランでのメニュー作りにも役に立つ。この集客施設は、2022年度に建設着工する予定である。

　このように、単に農産物を栽培するだけでなく、むしろ、菜の花をはじめとする景観形成作物を作付け、沢水による池も点在するなか、里山もつ重層的な景観を形成し、さらに蜂蜜や菜種油由来の商品を開発し、そしてそれらを使ったレストランや土産販売等の集客施設の建設も進めている。したがって、耕作放棄地をどう活かすかは、その土地を預かった事業者の経営手腕に負うところが大きいが、本調査対象地は、一つの耕作放棄地の再生モデルになることが期待される。

おわりに

　本章では、我が国における蜂蜜消費の拡大傾向を踏まえ、荒廃農地対策としての蜜源植物と養蜂の導入可能性について検討した。

　まず、国産蜂蜜の需要については、アンケート調査から、一定の安定した需要が確認されたが、価格を下げたからと言って、大きく需要が拡大するものではないことが明らかになった。これより、国産蜂蜜は、海外産蜂蜜に対してプレミアム価格を維持しながら徐々に生産拡大を図っていくこと、さらには蜂蜜単体での販売よりは、多様な商品開発と関連づけて、需要拡大を図っていくことが望ましいことが示唆された。

　次に、阿蘇および市原市の事例調査から、荒廃農地対策として蜜源植物と蜜蜂を導入するに留まらず、花のない季節を乗り切り、さらには収益拡大を図るため、イチゴ農家との連携、蜂蜜関連商品の開発や観光業の導入の重要性が示唆された。このことは、海外における荒廃農地対策において、自然再生と合わせて、再生された自然を上手く活用した観光業の導入が図られているのと、方向性が同じと思われる。それゆえ、発想を豊かにして、農業の枠だけにとられず、地域にある資源を最大限に活用して姿勢が重要であるといえる。

注
（1）紙幅の都合上、決定木分析結果の図表を掲載は割愛したが、分析の詳細を確認したい読者は、著者にお問合せいただきたい。

引用文献
中村伸雄（2021）「耕作放棄地から蜜蜂で「景観農業」を描く」『GREEN AGE』第48巻第8号、pp.24-26。
農林水産省（2022）地方への人の流れを加速化させ持続的低密度社会を実現するための新しい農村政策の構築　https://www.maff.go.jp/j/study/tochi_kento/attach/pdf/index-121.pdf（2023年1月23日アクセス）。

農林水産省（2021a）『荒廃農地の現状と対策』https://www.maff.go.jp/j/nousin/
　　tikei/houkiti/attach/pdf/index-13.pdf（2021年11月 9 日アクセス）。
農林水産省（2021b）『養蜂をめぐる情勢』https://www.maff.go.jp/j/chikusan/
　　kikaku/lin/sonota/attach/pdf/bee-28.pdf（2021年12月 9 日アクセス）。

第3章　野草地を利用した緑茶の高付加価値販売
—世界農業遺産・静岡の茶草場農法を例に—

黒川 哲治・矢部 光保・稲垣 栄洋

はじめに

　我が国の自然の多くは二次的自然で、人の手が加えられることで適切に維持管理されてきた。しかし、農業者の高齢化等に伴い、中山間地や条件不利地を中心に再生利用困難な荒廃農地が漸増傾向にある（農林水産省、2021）。農地が放棄されると、自然の遷移が進み、二次的自然下で見られた動植物が生息できなくなるだけでなく、荒廃農地が野草地化することで、野生鳥獣の温床になったり、近隣農地に野草の種子が飛散するなど、様々な弊害を引き起こす。

　荒廃農地が大きな問題となる一方、農業生産に野草地を積極的に活用してきた事例もある。その一つが世界農業遺産（GIAHS）にも認定されている「世界農業遺産・静岡の茶草場農法」である。同農法では、茶草場と呼ばれる、所有者および管理者が明確にされている野草地[1]で毎年晩秋に刈られた採草を、茶園の畝間に敷き込むことで良質な茶栽培に活かしている。また、地元推進協議会が同農法や実践者について明確な基準を設定し、生物多様性保全に貢献していることを示した認定マークを付与している（世界農業遺産「静岡の茶草場農法」推進協議会）。

　認定マークが付くことで、高付加価値化につながると言われており、既往研究でも多くの事例がある（例えば、合崎、2005b；矢部・林、2011；西村他、2012；山口他、2018）。しかし、これらの多くは生き物の生息環境に配慮した環境保全型農業による農産物を対象としており、また農業者等による自主

認証も多い。

　そこで本章では、野草地を有効活用している茶草場農法を事例に、同農法で栽培された緑茶に対する消費者評価について表明選好法の一つである選択型実験を用いて、高付加価値化につなげることが可能か明らかにする。特に、次の2点に焦点を当てることとする。

　第一に、GIAHS認定地と消費者の居住地の距離が消費者評価に及ぼす影響である。認定地域と県内その他市町では、GIAHSや茶草場農法に対する認知などが異なることから（黒川・矢部、2015）、今回は静岡県を認定地域と県内その他市町に分けて検討する。第二に、生物多様性保全への貢献度が消費者評価に与える影響である。GIAHS認定はその地域の農産物に対する消費者評価を高めることが明らかにされているが（矢部、2017）、消費者の購買行動は「状況要因」や「対象要因」[2]に影響されるため（Belk, 1974；Dickson, 1982；若林、2008）、購入目的が認定マーク付き農産物の評価にどう影響するのか検討する。

第1節　調査対象地域の概要

　本研究の調査対象地域は静岡県南部の5市町（掛川市、菊川市、島田市、牧之原市、川根本町）である（**図3-1**）。この地域は、とりわけ茶栽培が盛んな地域である。特に、深蒸し製法の「掛川茶」は全国的に有名で、全国茶品評会でも上位入賞の常連となっている。

　この地域の茶栽培では、「茶草場農法」が取り入れられている。この農法は、晩秋期に茶畑周辺の野草地（茶草場）に繁茂するススキやササなどの野草を刈り取って茶畑の畝間に敷き込み、有機肥料にするものである（**図3-2**）。茶草場農法はかつて日本各地で行われていたが、現在は静岡県と鹿児島県の一部のみで行われるだけとなっている。茶草場の特徴に次の二つが挙げられる。第一に、土地の境界と管理者が明確になっているため、完全に放棄された野草地ではない。第二に、年に1度、各管理者の責任のもと、晩秋期に野

図3-1　調査対象の5市町
出所：世界農業遺産「静岡の茶草場農法」推進協議会WEB

図3-2　茶園と茶草場の位置関係（左）と茶草場農法（右）
出所：左：世界農業遺産「静岡の茶草場農法」推進協議会
　　　右：静岡県菊川市WEB
注：上記左図中の点線で囲われた部分が茶草場である

　草刈りが行われる。茶草場の野草が未刈り状態だと、「茶草場の管理ができていない」として周辺茶農家からの視線が厳しくなるという（著者ヒアリングより）。
　茶草場はカワラナデシコ等の希少植物や、カケガワフキバッタ等の希少昆虫の生息場となっており（**図3-3**）、良質な茶栽培を目指す農業生産活動と生物多様性保全が両立する世界的に稀有な例である（稲垣、2012；楠本、

図3-3　茶草場で見られる希少な植物や昆虫
左：カワラナデシコ、右：カケガワフキバッタ
出所：世界農業遺産「静岡の茶草場農法」推進協議会WEB、掛川市

2014）。

　これらの点が評価され、2013年にGIAHSに認定された。GIAHSは、2002年からFAOが認定している制度である。その目的は、農業の近代化とともに失われつつある伝統的な農業と、それに付随する文化や景観、生物多様性などが組み合わさって一つの複合的システムになっている世界的に重要な地域を、次世代に継承することである（武内、2016）。2020年10月時点で世界22ヵ国62地域が認定されており、日本では佐渡や能登をはじめ、11地域が認定されている（FAO, 2021）。

第 2 節　データ収集と分析方法

1．データ収集

　分析に用いるデータは、2014年 9 月26日から29日にかけてWEBアンケート調査により収集した。対象は、アンケート調査会社に登録するモニターのうち、 5 市町、静岡県内その他市町、首都圏（東京・神奈川・埼玉・千葉）に住む20歳以上の男女とした。4,517人に回答を依頼し、1,593人から回答を得た（回答率35.3%）。調査内容は、茶系飲料の購買消費に関する設問、GIAHSおよび茶草場農法に関する設問、環境問題や食品購入に対する意識

や態度に関する設問、選択型実験の設問、個人属性に関する設問の５項目から成る。回答者の属性は**表3-1**のとおりである。

２．選択型実験

選択対象の緑茶は、静岡県のGIAHS認定地域で生産された一番茶を用いた緑茶（リーフタイプ、品種は「やぶきた」）であるとの前提を説明したうえで、属性と水準について説明した。選択型実験における属性と水準を**表3-2**に示す。

「種類と内容量」は、「自家用普通蒸し200g」と「贈答用深蒸し70g」の２種類

表 3-1　回答者の属性

属性	区分	人数（割合）
性別	男性	644（40.4%）
	女性	949（59.6%）
年齢	20 代	300（18.8%）
	30 代	332（20.8%）
	40 代	330（20.7%）
	50 代	327（20.5%）
	60 代以上	304（19.1%）
年収	～300 万未満	162（10.2%）
	～500 万未満	396（24.9%）
	～700 万未満	307（19.3%）
	～900 万未満	219（13.7%）
	900 万以上	250（15.7%）
	答えたくない	259（16.3%）
地域	首都圏	1,053（66.1%）
	5 市町	223（14.0%）
	静岡県内その他	317（19.9%）

表 3-2　属性と水準

属性	水準
種類および内容量	自家用普通蒸し200g、贈答用深蒸し 70g
GIAHS 認証表示	あり、なし
茶草場農法の取組み度	なし、一葉、二葉、三葉
栽培方法	有機栽培、慣行栽培
価格	600 円、800 円、1,000 円、1,200 円

注：無農薬および無化学肥料を「有機栽培」とした。

 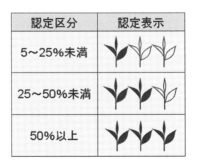

図3-4　茶草場農法認定シール（左）と認定区分（右）
出所：世界農業遺産「静岡の茶草場農法」推進協議会WEB

	お茶 A	お茶 B	
種類と内容量	自家用	贈答用	この中には
	普通蒸し 200g	深蒸し 70 g	購入したい
世界農業遺産の表示	なし	あり	お茶はない
茶草場農法の取組み度	なし	三葉	
栽培方法	慣行栽培	有機栽培	
価格	600 円	1,200 円	

図 3-5　選択型実験の設問例

とした。「GIAHS認証表示」は、GIAHS認定地域で生産された緑茶であると
一目でわかるよう、パッケージに大きな文字で「世界農業遺産」表示がある
かである。「茶草場農法の取組み度」[3]は、パッケージに貼付されている「生
物多様性保全貢献度」（**図3-4**）に準拠し、4水準とした。「栽培方法」は、
茶葉の栽培方法が有機農法であるか否かで、農薬・化学肥料を使用する「慣
行栽培」と、それらを一切使用しない「有機栽培」の2水準とした。価格は、
実際の店頭販売価格を参考に、4水準（600円、800円、1,000円、1,200円）
を設定した。

　上記のもと、Hensher et al.（2005）に倣い、直交計画で32通りのプロファ
イルを生成し、第1選択肢「お茶A」と第2選択肢「お茶B」を作成した。
これらに第3選択肢として「この中には購入したいお茶はない」とする選択
外選択肢を加え、3選択肢で1セットとする選択肢集合を作成した（**図
3-5**）。そのうえで、コンピュータのプログラム制御により、同一プロファ
イルが提示されないよう、回答者にランダムに6回提示した。よって、
1,593人× 6回＝9,558のデータが分析対象となる。

３．分析方法

　いま、個人 n が提示された J 個の選択肢の中から、選択肢 i を選択する
ことで得られる効用U_{in}を、次のとおり定式化する。

$$U_{in} = V_{in} + \varepsilon_{in} = \boldsymbol{\beta}' \boldsymbol{X_{in}} + \varepsilon_{in}$$

ただし、V_{in} は選択対象となる財の属性で決まる観測可能な確定効用、ε_{in} は

観測不可能な確率項、$\boldsymbol{\beta}$ はパラメータベクトル、$\boldsymbol{X_{in}}$は財の属性である。ランダム効用理論に基づき、個人 n は効用が最も高くなる選択を行うと仮定すれば、個人 n が選択肢 i を選択する確率は、

$$Prob\left(U_{in} > U_{jn}\right) \ for \ j = 1,\cdots,J \ \ all \ i \neq j$$

と表せる。ここで ε が独立かつ同一の第一種極値分布に従うとすれば、選択確率は以下の条件付きロジットモデルで表すことができる[4]。

$$Prob(i) = \frac{exp(\boldsymbol{\beta}'\boldsymbol{X_{in}})}{\sum_{j=1}^{J} exp(\boldsymbol{\beta}'\boldsymbol{X_{jn}})}$$

なお、分析には統計ソフトR ver.4.0.4およびパッケージsurvival、support.CEsを用いた。推計に用いた変数を**表3-3**に示す。

表 3-3　推計に用いた説明変数

変数	定義
ASC	選択肢固定定数項（お茶 A または B＝1, この中から購入しない＝0）
HGIAHS	自家用「GIAHS」表示（あり＝1, それ以外＝0）
GGIAHS	贈答用「GIAHS」表示（あり＝1, それ以外＝0）
HONELF	自家用一葉マーク（あり＝1, それ以外＝0）
GONELF	贈答用一葉マーク（あり＝1, それ以外＝0）
HTWOLF	自家用二葉マーク（あり＝1, それ以外＝0）
GTWOLF	贈答用二葉マーク（あり＝1, それ以外＝0）
HTHRLF	自家用三葉マーク（あり＝1, それ以外＝0）
GTHRLF	贈答用三葉マーク（あり＝1, それ以外＝0）
HORGANIC	自家用有機栽培（有機栽培＝1, 慣行栽培＝0）
GORGANIC	贈答用有機栽培（有機栽培＝1, 慣行栽培＝0）
PRICE	価格
SEX	回答者の性別（女性＝1, 男性＝0）
AGE	回答者の年齢（60 歳以上＝1, それ以外＝0）
INCOME	回答者の年収（700 万円以上＝1, 700 万円未満＝0）

第3節　分析結果

本章ではプロファイルの属性のみを用いた主効果モデルについて推計した結果（**表3-4**）を示し、考察する[5]。

表3-4　主効果モデルの推計結果

	首都圏	5市町	静岡県内その他
	係数 (標準誤差)	係数 (標準誤差)	係数 (標準誤差)
ASC	0.821 ***	0.845 ***	0.640 ***
	(0.130)	(0.289)	(0.243)
HGIAHS	0.391 ***	0.283 ***	0.385 ***
	(0.048)	(0.105)	(0.090)
GGIAHS	0.304 ***	0.539 ***	0.404 ***
	(0.053)	(0.113)	(0.099)
HONELF	0.190 ***	0.335 **	0.203
	(0.072)	(0.154)	(0.129)
GONELF	0.004	0.042	0.034
	(0.080)	(0.176)	(0.152)
HTWOLF	0.204 ***	0.386 **	0.259 **
	(0.068)	(0.151)	(0.124)
GTWOLF	0.081	0.284 **	− 0.039
	(0.070)	(0.143)	(0.128)
HTHRLF	0.331 ***	0.232	0.241 *
	(0.067)	(0.147)	(0.123)
GTHRLF	0.050	0.215	0.002
	(0.070)	(0.148)	(0.126)
HORGANIC	0.517 ***	0.583 ***	0.724 ***
	(0.056)	(0.123)	(0.102)
GORGANIC	0.257 ***	0.219 *	0.352 ***
	(0.061)	(0.131)	(0.115)
PRICE	− 0.000658 ***	− 0.000448 *	− 0.00055 ***
	(0.000114)	(0.00025)	(0.000212)
回答者数	1,053	223	317
修正疑似決定係数	0.067	0.097	0.074
AIC	12947.730	2654.605	3870.276
最大対数尤度	− 6461.863	− 1315.302	− 1923.138

注：***：1%水準、**：5%水準、*：10%水準で統計的に有意。

1．首都圏の結果

　ASCの係数は正の符号で、統計的に1％有意となったことから、首都圏在住者は買わないことに比べ、緑茶を購入することで効用が得られると考えていることが読み取れる。

　GIAHS認証表示の有無について見ると、自家用HGIAHSと贈答用GGIAHSの係数が両方とも1％有意となった。つまり、GIAHS認証表示が緑茶パッケージに貼付されることで、自家用であっても贈答用であっても消

費者から得られる評価は高くなると言える。

　次に、「生物多様性保全貢献度」で示される茶草場農法の取組み度を見ると、自家用において一葉から三葉全てで統計的に有意となった。また、推計された係数の値を見ると、取組み度合いが高くなるにつれ、その値も大きくなっていることから、首都圏では取組み度の高いものがより選択されると言える。

　有機栽培の係数HORGANICとGORGANICは、自家用と贈答用ともに有意に正となったことから、有機栽培による緑茶はその用途を問わず、消費者から高い評価を得られると言える。さらに、自家用と贈答用の係数の大きさを比べると、自家用の係数は贈答用のそれの2倍程度あることから、首都圏において有機栽培茶は自家用として好まれることがわかる。

２．５市町の結果

　選択肢固有定数項ASCは、統計的に1％有意で正となった。しかも、3地域の中で最も係数の値が大きい。したがって、調査対象地域の中で最も緑茶購入に対して関心が高いことがうかがえる。

　GIAHS認証表示は、自家用と贈答用の両方において統計的に正で1％有意となった。さらに、用途別に推計された係数を比較すると、贈答用が自家用の倍程度の大きさであることから、緑茶の主産地である5市町では、贈答用緑茶にGIAHS認証表示が付くことで消費者の評価獲得につながると言える。

　茶草場農法の取組み度の係数は、自家用の一葉HONELFと、自家用と贈答用の両用途の二葉（HTWOLFとGTWOLF）において、統計的に有意に正となった。したがって、5市町では、茶草場農法の取組み度が最も高い三葉は評価されておらず、適度な取組み度である二葉が評価されていることがわかる。これは、茶草場農法を実施している地域だからこそ、それに要する時間や労力の多さを知っていることが影響したと推測される。

　有機栽HORGANICとGORGANICを見ると、自家用と贈答用の両方で統計的に有意に正となった。したがって、用途とは関係なく有機栽培茶は消費

者からの評価が得られると言える。さらに、有機栽培茶は自家用として、消費者から選ばれる確率が高いことが推計結果からわかる。

3．静岡県内その他市町の結果

　選択肢固有定数項ASCは、他の地域と同様、統計的に正で１％有意となったことから、この地域においても緑茶購入が消費者に効用をもたらすものであることがわかる。

　GIAHS認証表示の係数は、自家用と贈答用の双方で正の値で統計的に１％有意となった。また、自家用と贈答用の係数の大きさはほぼ等しいことから、GIAHS認証表示の有無が消費者の購買に影響すると考えられる。

　茶草場農法の取組み度を見ると、自家用二葉と自家用三葉のみが統計的に有意となった。したがって、静岡県内その他市町では、自家用の緑茶で、茶草場農法の取組み度が高いものが好まれることがうかがえる。

　有機栽培の係数についても、統計的に１％有意で正となった。さらに、自家用と贈答用それぞれの係数を比較すると、自家用が贈答用の２倍超となっており、この地域の住民は自家用として有機栽培茶を高く評価していると言える。

第４節　考察

　主効果モデルにおける限界支払意思額（Marginal Willingness To Pay：MWTP）を表3-5に示し、３地域間の平均MWTPならびにその95％信頼区間を比較することで、地域間の差異について考察する。

　選択肢固有定数項ASCの平均MWTPをみると、５市町のそれは他地域に比べて高い。その理由として、茶栽培の一大産地である５市町の住民は緑茶を飲む機会が多く、好みや緑茶に対する評価ポイントが多様であるため、それら多様性を調査項目に十分反映しきれなかった可能性がある。なお、サブサンプルの大きさの違いはあるものの、５市町の95％信頼区間推計値は静岡

表3-5　主効果モデルにおける限界支払意思額の推計結果

	首都圏	5市町	静岡県内その他
選択肢固有定数項	1,248	1,888	1,164
	[1,069 - 1,489]	[-1,999 - 7,409]	[708 - 1,919]
自家用 GIAHS 表示	595	631	699
	[385 - 972]	[-2,584 - 4,956]	[275 - 2,807]
贈答用 GIAHS 表示	463	1,204	734
	[306 - 693]	[-3,493 - 7,316]	[353 - 2,348]
自家用一葉	289	749	—
	[72 - 571]	[-2,641 - 5,568]	
自家用二葉	310	862	471
	[105 - 600]	[-3,112 - 6,091]	[22 - 1,916]
自家用三葉	504	—	439
	[298 – 800]		[-10 - 1,517]
贈答用一葉	—	—	—
贈答用二葉	—	633	—
		[-1,638 - 4,248]	
贈答用三葉	—	—	—
自家用有機栽培	786	1,303	1,316
	[510 - 1,287]	[-5,665 - 10,232]	[609 - 5,101]
贈答用有機栽培	390	489	640
	[176 - 759]	[-2,826 - 5,191]	[153 - 3,002]

注：1）　［　］内はブートストラップ法による95％信頼区間の値。
　　　2）表中の数値の単位は円。なお、統計的に有意となった変数のみ、MWTPを計算した。

県内その他市町および首都圏のそれを包含していることから、3地域間で
MWTPに統計的に有意な差があるとは言えないことに留意する必要がある。
　GIAHS認証表示*HGIAHS*と*GGIAHS*がMWTPに及ぼす影響は、自家用で
は3地域ともほぼ同額となった一方、贈答用では首都圏で463円なのに対し、
静岡県その他市町が734円、5市町が1,204円と、首都圏のMWTPのそれぞれ
1.5倍、2.5倍となった。5市町から地理的距離が遠くなるほど、MWTPは低
下していることから、贈答用GIAHS認定表示には、MWTPと消費者の居住
地の地理的距離との間に負の相関関係が存在することが明らかとなった。よ
って、5市町では贈答用にGIAHS表示することが効果的であると言える。
　続いて、茶草場農法の取組み度を示す生物多様性保全貢献度マークの影響
についてみる。贈答用では唯一5市町で二葉が統計的に有意となり、平均

MWTPは633円となった。5市町の住民は何かの機会に贈答品を送る際、地域の代表的な産物である緑茶を通じて、世界農業遺産に認定された茶草場農法が地域の生物多様性保全につながることを知ってほしいという思いの表れと考えられる。

　一方、自家用では二葉のみが3地域全てで統計的有意となった。二葉について各地域の平均MWTPを比較すると、5市町（862円）、静岡県その他市町（471円）、首都圏（310円）の順に、認定地から離れるほど評価額が低下している。また、地域別にみると、首都圏では茶草場農法の取組み度が上昇するにつれてMWTPも上昇しており、三葉は二葉の1.6倍に達している。対して、静岡県内その他市町では自家用二葉が自家用三葉よりも高くなる逆転現象が生じている。茶草場農法の認知度について統計的検定を行ったが、首都圏と静岡県内その他市町に有意差は見られなかったことから、WEB調査内における茶草場農法に関する説明が影響したと見られる。

　有機栽培に対する評価額は、地域に関係なく、贈答用よりも自家用の方が高く、2倍程度の差がある。また、自家用で見ると、認定地域を含む静岡県内のMWTPは首都圏のそれの1.7倍となっており、静岡県内在住の人は自家用として有機栽培茶に高い価値を見出していると言える。これは、緑茶が茶葉に湯を注ぎ抽出して飲むものであることから、日常的に緑茶を飲む機会が相対的に多い静岡県民が、食の安全・安心を考慮したものと考えられる。以上より、自家用や贈答用といった対象要因や、認定地域からの距離によって、茶草場農法の取組み度（生物多様性保全貢献度）に対する評価が異なるだけでなく、取組み度が高いものの評価がより高いとは一概に言えないことが明らかとなった。それを踏まえると、首都圏向けには自家用として茶草場農法の取組み度が高いもの、5市町向けには中程度のものを中心に商品展開するのが効果的と言える。

おわりに

　本章は、世界農業遺産「静岡の茶草場農法」を例に、GIAHS認定地と居住地の距離や緑茶の購買目的、生物多様性認証が緑茶に対する消費者評価にどう影響するか、地域別に検討した。その結果、次の2点が明らかになった。

　第一に、茶草場農法の取組み度やGIAHS認証表示は、消費者の緑茶に対する評価を潜在的に向上させる。特に、5市町では、贈答用緑茶にGIAHS認定地域の緑茶であると明示すると、評価が大きく向上することがわかった。

　第二に、茶草場農法の取組み度は、単純に高水準のものが評価されるわけではなく、高評価される水準は地域ごとに異なることがわかった。同じ取組み水準でも、GIAHS認定地域から遠いほど、茶草場農法の取組み度に対する評価は低下する傾向がある。

　最後に本章から得られる含意について言及する。茶草場農法では一見、単なる野草地に見える茶草場を適切に管理し、採草を茶栽培に活用することで、地域の主たる農産品である茶の味向上につなげている。さらに、現在では珍しくなった茶草場農法を継続することで、地域の生物多様性保全や伝統的な農法の継承にもなり、GIAHS認定という大きな付加価値を獲得している。このように、荒廃農地を適切に管理し、有効活用する方途を探ることは荒廃農地問題に対する次善の策となり得ると考えられる。

注
（1）正確には二次草地である。しかし本章中ではわかりやすさを優先し、「野草地」と表記している。
（2）状況要因は、慶弔事や旅行先での購買など、購買・消費の状況に関わる要因である。対象要因は、誰のための購買かなど対象に関わる要因である。自分以外のために購入する贈答は、対象要因に該当すると考えられる。
（3）世界農業遺産「静岡の茶草場農法」推進協議会は、経営茶園面積に対する茶草場面積の割合を5％未満、5〜25％未満、25〜50％未満、50％以上の4段階に分け、それぞれ「無印」、「一葉」、「二葉」、「三葉」のマークを与えている。

これを茶草場の維持および生物多様性保全に対する貢献度の指標としていることを回答者に説明した。

（4）コンジョイント分析の理論については、合崎（2005a）や栗山他（2013）などが詳しい。

（5）本章は黒川他（2019）をもとに再推計し、加筆修正したものである。

引用文献

Belk, W. B.（1974）An Exploratory Assessment of Situational Effects in Buyer Behavior. *Journal of Marketing Research*, 11, pp.156-163.

Dickson, P. R.（1982）Person-Situation: Segmentation's Missing Link. *Journal of Marketing*, 46（4）, pp.56-64.

Food and Agricultural Organization of the United Nations. Globally Important Agricultural Heritage Systems, http://www.fao.org/giahs/giahsaroundtheworld/designated-sites/en/（accessed on December 1, 2021）.

Hensher, D. A., Rose, J. M. and Greene, W. H.（2005）*Applied Choice Analysis: A Primer*, Cambridge, Cambridge University Press.

合崎英男（2005a）『農業・農村の計画評価─表明選好法による接近』、農林統計協会。

合崎英男（2005b）「選択実験による生態系保全米の商品価値の評価」『農業情報研究』第14号第2巻、pp.85-96。

稲垣栄洋（2012）「世界が注目する茶草場の生物多様性：静岡茶が守る貴重な植物」『緑茶通信』第31号、pp.33-36。

菊川市　WEB、https://www.city.kikugawa.shizuoka.jp/chagyoushinkou/sekainougyouisann.html.（2021年12月3日閲覧）

楠本良延（2014）「茶草場を介した生物多様性保全と茶生産の両立」『農業および園芸』第89巻第3号、pp.360-365。

栗山浩一・庄子康・柘植隆宏（2013）『初心者のための環境評価入門』、勁草書房。

黒川哲治・矢部光保（2015）「世界農業遺産の認知度と農文化システムの継承可能性」『平成26年度農林水産政策科学研究委託事業報告書　我が国の独創的な農文化システムの継承・進化に向けた制度構築と政策展開に関する研究』資料編第1部第7章、pp.193-215。

黒川哲治・矢部光保・野村久子・高橋義文（2019）「認定地からの距離と生物多様性認証が贈答品の消費者評価に及ぼす影響─世界農業遺産・静岡の茶草場農法を事例に─」『農林業問題研究』第55巻第2号、pp.81-88。

世界農業遺産「静岡の茶草場農法」推進協議会「世界農業遺産静岡の茶草場農法」、https://www.chagusaba.jp/（2021年12月1日閲覧）。

武内和彦（2016）「日本における世界農業遺産（GIAHS）の意義」『農村計画学会誌』第35巻第3号、pp.353-356。

西村武司・松下京平・藤栄剛（2012）「生物多様性保全型農産物に対する消費者の購買意志」『フードシステム研究』第18巻第4号、pp.403-414。

農林水産省（2021）「荒廃農地の現状と対策（令和3年11月）」、https://www.maff.go.jp/j/nousin/tikei/houkiti/attach/pdf/index-19.pdf.

矢部光保・林岳（2011）「生きものブランド米における生物多様性の価値形成」『九州大学大学院農学研究院学芸雑誌』第66巻第2号、pp.21-32。

矢部光保（2017）「草原飼養認証があか牛肉の消費者選好に与える影響の経済分析」横川洋・高橋佳孝編著『阿蘇地域における農耕景観と生態系サービス』農林統計出版、pp.133-156。

山口道利・竹歳一紀・西村武司（2018）「滋賀県の環境こだわり米の認証要件に対する消費者評価」『農林業問題研究』第54巻第3号、pp.88-95。

若林勝史（2008）「「状況要因」がナチュラルチーズの消費者購買行動に及ぼす影響─チーズ工房の販売戦略に関わって─」『農業経営研究』第46巻第3号、pp.6-15。

第4章　寄付金付き土産による阿蘇農業の支援

野村 久子

はじめに

　阿蘇は、阿蘇五岳を中心とする世界最大級のカルデラや広大な草原を有し、比較的平坦地の多い阿蘇谷と、起伏に富んだ阿蘇外輪地域で形成されている。また、気候は年平均気温が約13℃で、年間降水量は約3,000mmと四季を通じて比較的冷涼で多雨な地域であるため、その地形と気候により阿蘇特有の多様な動植物が息づいてきた。阿蘇草原には、国の環境省レッドリストにも登録されているヒゴタイのほか、オグラセンノウ、エヒメアヤメ、ヒメユリ、フクジュソウ、アソノコギリソウといった植物が植生し、オオルリシジミやオオウラギンヒョウモンといった蝶がおり、阿蘇の草原は、希少な生物の宝庫となっている。

　このような生物多様性に恵まれた草原を育んできたのは、阿蘇の農文化である。あか牛が大地を踏みしめ、草をきれいに食べ、そして、彼らの冬場の飼料として採草が行われることで、草原が維持されてきた。阿蘇地方を中心とした熊本県内の中山間地域では、あか牛が飼養されている。菊池・鹿本地方は肥育が盛んであるが、阿蘇地方は繁殖農家（子牛生産）が多い。そのため、春になると阿蘇の風物詩とも言えるあか牛の放牧が始まる。放牧されるほとんどが雌牛で、4月から12月まで草原で過ごし、その雌牛から生まれた子牛は、生後6～8カ月まで野草を食べ、草原で育つ。そして、冬場の飼料として採草が行われることで、草原は維持されてきた。また、平坦地では稲作を中心とした農業が盛んで、草原を緑肥として利用してきた。草原を農業

に活かした阿蘇の生活は、草原を維持することで成り立ってきた。そのために、阿蘇を入会地とする地元住民は、草原再生にはかかせない野焼きを毎年春に行ってきている。毎年3月に野焼きで真っ黒になった山肌は5月ごろには一面新緑の若草でおおわれる美しい景観が広がる。現在コロナ禍で少なくなっているものの、通常、年間150万人から170万人の観光客が一年を通じて全国から阿蘇の景観を楽しみに訪問している。

　しかし、これらの草原の本来の用途としての存在が、あか牛の価格の低迷により脅かされることがしばしばある。特に、1988（昭和63）年6月20日、日米貿易交渉で1991年（平成3年）から牛肉、オレンジの輸入枠撤廃が決定し、この牛肉輸入自由化を境に、輸入牛肉と競合するあか牛の市場価格は低迷した。「阿蘇からあか牛が消え、広大な原野も草地も荒れてしまう」という危機感から、南阿蘇畜産農協では熊本「あか牛」ブランド確立に向けた産地再興の取り組みを1990年から開始した。以降、あか牛が放牧されることにより、阿蘇の草原景観、そしてあか牛が草を喰む景観を楽しみにする訪問者によって成り立っている観光業や飲食業といった地域経済を守っていこうという動きがはじまったのである。

　そして、野草地の維持管理や草原環境の保全には、多様な主体による長期的な取り組みと、多くの主体が共通の認識を持った上で連携が不可欠という認識のもと、2003年1月施行の自然再生推進法に基づく手続きを踏まえ、牧野組合や活動グループ、行政、研究者など103の個人および団体の参加により、2005年12月2日に「阿蘇草原再生協議会」が発足した。そして、2010年から阿蘇草原再生協議会では、幅広い人々の力で阿蘇の草原を守っていくための仕組みの1つとして、阿蘇草原再生募金を創設している。募金の目的は、阿蘇の草原の恵みを享受する不特定多数の人々に呼びかけ、「広く」「薄く」「継続的」に草原再生の取り組みに協力をしていくことである。集まった募金は、草原再生に向けて協議会構成員が行う様々な活動を促進し、さらに展開していくために活用している。そして、行政関係機関等による施策・事業でカバーできない事柄に活用することを具体的な支援の基本としている。

第1節　本章の目的

　阿蘇のブランドであるあか牛の継続的な放牧が支援され、農業生産が行われることで、阿蘇草原の文化的価値の存続や生物多様の保全につながる。そして、このような取り組みは、高齢化や担い手不足で耕作放棄地が増える中、粗放的なあか牛の生産を維持することにより、草原という自然再生を行うことができる好事例といえよう。しかし、阿蘇の草原を維持するためには、継続して野焼きを行うシステムの継承が必要であり、そのためには牧野組合や野焼き支援ボランティアへの支援が重要となるが、これらの取り組みは、前述のように行政の施策や事業でカバーできない部分の支援となる。さらに、阿蘇の農業生産の場である草原を守るためにも失われつつある維持システムを継続して行えるよう、幅広い層の支援による草原再生のための募金が必要不可欠である。そこで、本研究では、文化的景観の存続のために、その受益者と価値を明確にした上で、その対価を農業者らに還元する仕組み作りの1つの事例として広く、薄く、継続的に草原再生募金が募れる施策を提案する。

　具体的には、阿蘇の多くの観光客を対象に、募金を広く薄く集める方式の1つとして、草原再生のための寄付金をお土産菓子に上乗せして売る実証分析を行う。具体的には、野焼きのボランティア活動や畜産農家へあか牛導入のための助成が行われている阿蘇草原再生募金への平均的支払意思額を推計し、その金額で実際に寄付を募る。そして、実際の支払行動により、推計された平均的支払意思額の妥当性を確認した後、集金可能な保全基金の大きさを求め、保全活動の計画を立てることに資する。

　さらに、このような分析手続きは、方法論的にも重要な意味を持つ。すなわち、CVMにおいて、アンケートで表明された支払意思額を、人々が実際に支払うか否かについて、長年議論がなされてきているが、明確な結論は未だに得られていない。そこで、このような議論に対し実証分析を踏まえ、表明選好法の妥当性について一つの論拠を与えることも、本研究の重要な目的

である。

第2節　分析方法

　平均的寄付金額を推計するために、まず、地元の産直市場「道の駅　阿蘇」で販売されている商品に保全基金を付加する場合、購入個数を変えずに、消費者が支払ってもよいと考える寄付金額を尋ねる。その際、草原を維持するために必要な支援とその対策について状況説明をシナリオとして伝える。次に、平均的寄付金額を付加した金額で、商品を実際に販売する。そして、寄付金付きで販売した商品の2週間分の販売個数と、その前後2週間の販売個数を求め、前年同期の売上個数と比較して、「表明された支払意志額に基づく寄付金の販売価格への付加は売上にマイナスの影響を与えない」という帰無仮説を検定する。その場合、支払っても良いとする寄付金額の評価には、評価額が推計に使用する変数や関数型によって影響を受けない支払いカード形式の仮想評価法を用いた。以下は、仮想評価を行なったアンケート文である。

表4-1　アンケートシナリオとCVM質問

　これまで草原を守ってきた有畜農家の高齢化や担い手不足で阿蘇の草原を維持する人手が減少していて、このままでは阿蘇の草原は失われてしまいます。阿蘇の草原維持のためには、あか牛支援や、野焼きを行うための牧野組合や野焼き支援ボランティアへの支援が必要です。そして、そのためには、人びとの支援による募金が必要不可欠です。

　1,050円の品物に対して何%の募金額ならば草原再生募金のために上乗せして支払っても良いと思いますか。（購入予定個数を変化させないでお考えください。）

□ 1	1% (1,060 円)	□ 2	2% (1,070 円)	□ 3	3% (1,080 円)	□ 4	4% (1,090 円)
□ 5	5% (1,100 円)	□ 6	6% (1,110 円)	□ 7	7% (1,120 円)	□ 8	8% (1,130 円)
□ 9	9% (1,140 円)	□ 10	10% (1,150 円)	□ 11	11% (1,160 円)	□ 12	12% (1,180 円)

□ 13　その他〔具体的に_____%、あるいは _____円〕

第3節　調査概要

1．調査の実施概況

　CVM調査は、2013年5月に消費者の支払意思額のアンケート調査を行い、7月に販売実証実験を行なった。アンケート対象者は、阿蘇駅のそばにある農産物産直市場「道の駅　阿蘇」の訪問客であり、主に土産品を扱っている売店の利用者である。アンケート調査票の配布・回収については、すべてその場で記入後、回収した。記入するアンケート用紙とは別に阿蘇草原再生保全活動の内容と目的を説明する資料を用意し、それを用いながら草原再生募金がどのように阿蘇の草原維持に活用されるかを対象者1人1人に説明した後、アンケートに答えてもらう形式をとった。アンケートはA4サイズ用紙1枚であった。じっくり読んで回答すると約10分弱の内容である。2日間での集計数は196であった。

2．CVM計測結果

　推定の結果、支払意思額の平均値は71.12円であった。これより、1,050円のお菓子に上乗せしても良いと思える募金の支払意思額の平均は71.12円と考えられる。そこで、今回の実験では、1,050円に上乗せしてきりのよい70円の寄付金を従来の販売額に付加した。なお、アンケートの問いの1つである「草原再生のための募金は必要だと思いますか。」の回答から、95パーセント以上の人たちが募金について肯定的に考えていることがわかった。

3．調査に基づいた募金の実施

　募金に関する調査結果をもとに、従来1,050円の菓子箱に、70円の寄付金額を上乗せした価格1,120円で販売し、前年度同期間や実施前後期間と比較し、売上個数の変動をみた。対象期間は7月5日から8月1日の4週間で、そのうち、7月5日から7月18日までの2週間は寄付金付きの「ひごたい」のみ

を販売した。そして、7月19日から8月1日までの2週間は寄付金付きの「ひごたい」と寄付金なしの「ひごたい」を並列して販売した。

　寄付された募金は、阿蘇草原再生協議会が、持続的な草原利用・維持管理に向けた新たな仕組みの一つとして2010年（平成22年）11月に創設した「阿蘇草原再生募金」に実際に募金することにした。募金の活用法として、草原維持管理の継続のため繁殖あか牛導入に助成を行っており、募金を行うことで農家に直接還元できる仕組みが出来上がっている。

　商品を販売する際、商品の値段が阿蘇草原保全のための募金分だけ高くなっていることは告知した。70円の寄付金ロゴには、阿蘇草原再生協議会の阿蘇草原再生ロゴマークを利用した（**図4-1**）。同時に、阿蘇草原と阿蘇の畜産（放牧）のかかわり、そして草原再生募金の用途が説明されているポスターを土産菓子のそばに貼り、店舗外にはノボリ（**写真4-1**）を立てた。

　今回の研究では、非営利団体である「公益財団法人　阿蘇グリーンストック」が募金事

図4-1　お菓子に貼った寄付金ロゴシール

写真 4-1　阿蘇の生態系の循環を表すノボリ（©井上欣勇）

務局となっている阿蘇草原再生募金の取り組みに協力してもらう形で、募金を行った。阿蘇グリーンストックは、阿蘇の緑の大地（草原・森林・農地）を、広く国民共有の生命資産（グリーンストック）と位置付け、農村・都市・企業・行政四者の連携により、後世へ引き継いでいくことを目的としている。

　以下の**写真4-2**は、7月5日から7月18日の期間中、寄付金付きの「ひご

写真 4-2　寄付金付きの「ひご　　　写真 4-3　寄付金付きとなしの「ひごたい」
たい」のみ販売したときの様子　　　　を並列して販売したときの様子

たい」のみ販売したときの様子、**写真4-3**は、7月19日から8月1日までの
期間中、寄付金なしの「ひごたい」を並列して販売したときの様子である。
寄付金付きの「ひごたい」には、「阿蘇草原再生募金」のステッカーを貼り、
寄付金付きと寄付金なしの区別の案内を表示した。

第4節　分析結果

1．売り上げ結果

　2013年の販売結果を、2010年と2014年（以下、基準年と言う）の同期間の
売り上げ平均と、2013年実施期間前後1か月の平均と比較して売り上げの変
動をみる（2012年は九州北部豪雨の影響により、客数が極端に少なかったた
め2010年と2011年の平均売り上げ個数を基準年のデータとして使う）。期間
内の売り上げ個数について前年の同期間の平均と2013年、そして2014年の結
果を**表4-2**に示す。二重線で囲った部分が実際に値上げを行った期間である。
　まず、実験が2週間ごとに分かれていたので2週間区切りの販売を見てい
く。**表4-2**をみると2013年の6月7日から6月20日の売り上げは19個、6月
21日〜7月4日は15個であった。前年の同期間の売り上げ平均のそれは、そ
れぞれに29個と21個であった。雨季の季節であるため例年観光客はそれほど
多くなく、売り上げも高くない。

表4-2　売上個数比較（個数）

	6/7～6/20	6/21～7/4	7/5～7/18（寄付のみ販売）	7/19～8/1（寄付金付、なし両方販売）		8/2～8/15	8/16～8/29	合計
2010/2014年の平均	39	22.5	32	47		62	39.5	241.5
2013年（実証販売年）				寄付金なし	寄付金付き			
	19	15	67	46	38	82	55	322

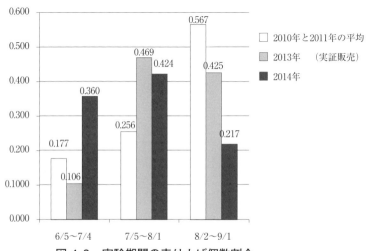

図4-2　実験期間の売り上げ個数割合

　次に、2013年の実験期間中の7月5日から7月18日の売り上げは67個、7月19日～8月1日は84個であった。一方で、前年の同期間の売り上げ平均は、それぞれに37個と35個であった。2014年は、27個と59個であった。前半は雨季の季節と重なるのとまだ夏休み前であるためそれほど観光客が多くなく、売り上げも高くないが、2013年度の実証販売中は増加した。

　また、実験後の8月2日から8月29日について、2013年の売り上げは82個、8月16日～8月29日は55個であった。そして、前年の同期間の売り上げ平均は、それぞれに90個と69個であった。最後に2014年は、34個と10個であった。

夏休みやお盆休みの旅行者、帰省の家族が道の駅を訪れるため一番販売個数が多いが、例年の数に比べて2013年のそれはあまり変わらなかった。

　2013年は7月5日〜8月1日の1か月で151個、8月2日〜9月1日の1か月で137個、合計322個の売上であった。一方、前年の同期間の売り上げ平均はそれぞれ同期間で50個、72個、159個で合計が280個である（**図4-2**参照）。

２．前年の売り上げ平均との販売個数の比較

　次に、寄付金付き販売期間中である2013年7月5日から7月18日と基準年の同期間について、販売個数のデータを用いて、「ひごたい」に寄付金を付けても、売り上げ個数を減少させることはないという仮説を検証する。

　まず前年の売り上げは例年通りであると仮定して検証を行う。基準年の6月7日〜8月29日までの売り上げ個数における7月5日〜7月18日の売り上げ個数の割合（母比率）と、2013年の6月7日〜8月29日までの売り上げ個数における7月5日〜7月18日（値上げ実施期間）の売り上げ個数の割合が左側検定で棄却されなければ値上げを実施した期間の売り上げは減少したとはいえない、つまり、例年通りであったか、増加したということができる。

　ここで、

$$H_0 : p = \frac{32}{241.5} \qquad H_1 : p < \frac{32}{241.5}$$

とし、有意水準5％で片側検定を行う。

　標本割合 $(p_0 = x/n)$ は、2013年の6月7日〜8月29日までの売り上げ個数 n における7月5日〜7月18日（値上げ実施期間）の売り上げ個数 x の割合であり、母比率 p は、平均 $p_0 = \frac{32}{241.5} \approx 0.132$、標準偏差 $\sigma_{p_0} = \sqrt{\frac{p_0 q_0}{n}}$ の正規分布に従う。ただし、$\hat{p}$ は確率、q_0 は $p_0 - 1$、n は標本数とする。

$$\sigma_{p_0} = \sqrt{\frac{p_0 q_0}{n}} = \sqrt{\frac{(0.132)(1 - 0.132)}{241.5}} = 0.0218$$

有意水準0.05に対する片側検定の棄却域は$p_0 = 1.64\sqrt{\frac{p_0 q_0}{n}}$よりも小さい値の部分である。棄却域を計算すると

$$p_0 - 1.64\sqrt{\frac{p_0 q_0}{n}} = 0.132 - 1.64 \times 0.0218 = 0.096$$

となる。ここで、2013年の6月7日〜9月2日までの売り上げ個数における7月5日〜7月18日までの売り上げ個数の割合は0.208であるから、この値は棄却域に落ちないため、帰無仮説H_0は採択される。

よって、2013年度の測定期間内における値上げ実施期間の売り上げ個数は例年に比べて減少したとはいえない。すなわち、寄付金による値上げによって、売り上げの減少は起こらなかったといってよい。

３．並列販売による個数の比較

次に、より消費者の選択行動を明確に検証するため、寄付金なしと寄付金付きを並べて販売して、消費者の選択行動を比較する。

図4-3は、寄付金付きの「ひごたい」と寄付金なしの「ひごたい」を並列して販売した7月19日から8月1日の2週間では寄付金付きが38個、寄付金

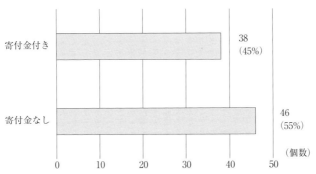

図 4-3　7/19〜8/1の間に販売された寄付金なしと寄付金付きの個数

なしが43個売れた。全体のうち45％が寄付金付きで、55％が寄付金なしであったため、統計的に寄付金は販売個数を減少させたか否かについて検討する必要がある。

　ここで、寄付金付きの「ひごたい」と寄付金なしの「ひごたい」を並列して販売したときに、人々が２つのお土産を区別なく購入した場合（寄付金なし「ひごたい」の購入確率は1/2）よりも、寄付金付きのものが売れる確率が、寄付金なしの土産より５％水準で有意に低いといえるかについての検定を行う。

　帰無仮説は$H_0 : p = \frac{1}{2}$、対立仮説を$H_1 : p < \frac{1}{2}$とし、有意水準５％で検定を行う。

　標本比率$(p_0=x/n)$は、平均$p_0=0.5$、標準偏差$\sigma = \sqrt{\frac{p_0 q_0}{n}}$の正規分布に従う。ただし、$q_0$は$p_0$-1、$n$は標本数とする。

$$\sigma_{p_0} = \sqrt{\frac{p_0 q_0}{n}} = \sqrt{\frac{(0.5)(1-0.5)}{84}} = 0.0546$$

有意水準0.05に対する片側検定の棄却域は

$$p_0 - 1.64 \sqrt{\frac{p_0 q_0}{n}}$$

よりも小さい値の部分である。そこで、臨界値を計算すると

$$p_0 - 1.64 \sqrt{\frac{p_0 q_0}{n}} = 0.5 - 1.64 \times 0.0546 = 0.4105$$

となる。

　寄付金付きの「ひごたい」と寄付金なしの「ひごたい」との購入確率に差がない場合、pは0.5である。他方、寄付金付きが実際に売れた割合は0.45であるから、この値は0.4105より小さな値の棄却域に落ちない。したがって、帰無仮説H_0が採択される。

　よって、寄付金付きの「ひごたい」と寄付金なしの「ひごたい」を並べて
売った場合に、寄付金付きの土産が寄付金なしの土産よりも、販売個数が有
意に少なかったとはいえない。すなわち、並列して販売した場合にも、寄付
金による値上げによって、売り上げの減少が起こったとは言えない。

第5節　考察

　本節では、実際に得られることができる保全基金の総額を予測する。前年
(2010年と2011年) の売り上げ平均の売り上げと今年度の売り上げとの比較、
販売期間内での寄付金の有無での比較を行った結果、1,050円の土産菓子に
70円の寄付金を付加して1,120円に値上げして販売した場合の実験期間内に
おいての売り上げ個数の減少はみられなかった。このことは、企業にとって、
寄付金を上乗せして販売することは、販売個数が減少せず、かつほかの菓子
との差別化ができるため、このような試みに賛同しやすくなるといえる。ま
た、寄付金付きの「ひごたい」と寄付金なしの「ひごたい」を並べて売った

表4-3　2010年9月から2011年3月の阿蘇草原再生募金の活用状況

活動区分		助成内容	交付額（円）
草原維持管理の継続	①繁殖あか牛導入	繁殖用あか牛の導入に対し、1農家1頭につき6万円を助成	5,100,000
	②野焼き（管理）放棄地の草原再生活動	野焼き（管理）放棄地での野焼きを再開する作業費の一部を助成	1,150,000
	③草小積みの制作・設置と草原文化のPR	牧野組合等が制作・設置に関わる費用として、1基あたり5千円を助成	550,675
	④野焼き支援ボランティアの運営管理に関する活動	野焼きや輪地切り支援ボランティアの派遣に係る運営管理費用の一部を助成	3,500,000
		学生による草原再生活動に係る費用の一部を助成	120,000
草原を守る担い手づくり	⑤あか牛肉の普及・啓発と環境教育	阿蘇郡市内の小中学校給食用にあか牛肉を提供する活動を助成	1,004,844
		あか牛肉のメニュー開発と利用の啓発につながる活動を助成	49,585
		計	11,475,104

場合に、寄付金による値上げによって、売り上げ個数の減少は起こったとはいえなかった。そのため、このような寄付の方式は、観光客にとっても、賛同する観光客が無理なく募金ができる広く薄く集める方式の1つに位置付けられる。

　次に、このように広く薄く集められた募金の規模を見ていく。今回の1か月間の調査で集まった募金額は7,350円であった。仮に12か月同じペースで売れ続けるとすると、年間7,350×12＝88,200円の募金を集めることができる。

　上の**表4-3**は、平成23年9月から平成24年3月までの、阿蘇草原再生募金の活用状況である。この表から見てわかる通り、年間約90,000円の募金額では、草原を守る担い手づくりのうちの、あか牛肉のメニュー開発と利用の啓発につながる活動の助成をまかなうことができ、草原維持管理の継続のうちの、学生による草原再生活動に係る費用の一部の助成をまかなうこともできる。このことからも、この募金の徴収方法の有効性を確認できる。

おわりに

　今回の調査では「CVMにより表明された寄付金額を商品の販売価格に付加した場合、売り上げにマイナスの影響を与える」とは言えないうことが確認できた。今回の調査により、推計された総支払意思額は、販売個数を変化させることなく寄付金を付加させて商品を販売することで基金を集めることができることを示唆している。また、募金を広く薄く集める方式の1つとして、お土産菓子に草原再生のための寄付金額を上乗せして売ることが有効であることを示した。このような寄付金により、農文化遺産である阿蘇の草原保全の実現可能性を示すことが出来たことは、今後の具体的な保全活動の第一歩となる。同時に、他の環境保全活動にもこの手法による支払意思額を反映させることは有効であるといえる。

　コロナの影響はどうであろう。やはり観光客が減少しているため、あか肉の需要が低迷して価格も低迷しており、またお土産品自体の売り上げが下が

っている。しかし、この 1 年半ほどで多くのお店もオンラインで販売を展開しつつある。観光地に行けない人、実家に帰りたくても帰れない人が、直接オンラインで販売している土産菓子や農産物を購入することも増えてきた。また、ふるさと納税を通じてこれらのものを購入するケースも増えている。そのようなオンラインでの購買に寄付をつけて応援する仕組みも可能と考える。

　謝辞

　本章は、平成24年度農林水産政策科学研究委託事業「我が国の独創的な農文化システムの継承・進化に向けた制度構築と政策展開に関する研究」(研究代表者　矢部光保)において調査報告されたものの一部を加筆修正したものである。今回の研究では、実際に寄付金を付加させて菓子を販売するため「菓心　なかむら」の中村製菓にご理解と多大なる協力を頂いた。また、阿蘇草原再生募金の事務局である募金活動を行っている阿蘇草原再生千年委員会事務局の宮永整一様に多大なる協力を頂いた。寄付付きロゴには、阿蘇草原再生ロゴの使用を阿蘇草原再生協議会に承認いただいた。また、アンケート調査と実際の販売に道の駅　阿蘇の皆さんにご協力いただいた。ここに心より謝辞を送ります。

参考文献
バリー・Cフィールド (2002)『環境経済学入門』日本評論社
植田和弘 (1996)『環境経済学』岩波書店
豊田利久 (2010)『基本統計学 (第 3 班)』東洋経済新報社
「公益社団法人阿蘇グリーンストック-野焼き　輪地切り　支援」
　http://www.asogreenstock.com/,アクセス日2021年12月11日
「阿蘇市ホームページ」
　http://www.city.aso.kumamoto.jp,　アクセス日2021年12月11日
「阿蘇草原再生募金の活用状況〈第 1 弾と第 2 弾〉について」
　https://www.aso-sougen.com/kyougikai/restoration/pdf/bokin_status.pdf, アクセス日2021年12月15日

[付録]

草原再生基金のためのアンケート調査

　古来より、阿蘇の草原には多様な動植物が生息しており、希少な生物の宝庫となってきました。また、阿蘇は「九州の水がめ」として、私たちの生活を潤しています。

　この阿蘇の草原景観を育んできたのはあか牛です。あか牛が大地を踏みしめ、草をきれいに食べ、彼らの冬場の飼料として採草が行われるからこそ、草原が維持されてきました。

　しかし近年、草原の維持が困難となっています。これまで草原を守ってきた有畜農家の高齢化や担い手不足で阿蘇の草原を維持する人手が減少していて，このままでは阿蘇の草原は失われてしまいます。阿蘇の草原維持のためには、あか牛支援や、野焼きを行うための牧野組合や野焼き支援ボランティアへの支援が必要です。そして、そのためには、人びとの支援による募金が必要不可欠です。

　このアンケートに答えていただくことで、草原再生のための仕組みづくりの一助となります。ご協力のほど、お願い申し上げます。

九州大学農学部環境生命経済学研究室

1．今日はどちらからいらっしゃいましたか。

　　　　　　　　　　　　都道府県　　　　　　　　　　市町村

2．年に何回ほど阿蘇に訪問しますか。

☐1　はじめて　☐2　年に（　）回　☐3　（　）年ぶり　☐4　そ　の　他
　　　　　　　　　　　　　　　　　　　　　　　　　　　　　（　　　）

3．草原再生のための募金は

☐1　必要だと思う　　☐2　必要でないと思う

（☐2を選んだ方は**問9に進んでください**。）

4．お菓子を通じての募金について　☐1　賛成　　　　☐2　募金のみで良いと思う

（☐2を選んだ方は**問8に進んでください**。）

5．もし、「ひごたい」をお買い求めになるとすれば、**いくつ、誰のために**買いますか。

　　　　　個　☐1　自分あるいは家族用　☐2　贈呈用　☐3　その他

6．このお土産（1箱・税込み）の価格は、いくらが適当だと思いますか。

☐1 840円　　☐2 1,050円　　　☐3 1,260円　　　☐4 その他　　　円

7．1,050円の品物に対して何%の募金額ならば草原再生募金のために上乗せして支払っても良いと思いますか。（購入予定個数を変化させないでお考えください。）

☐1 1%	☐2 2%	☐3 3%	☐4 4%
(1,060円)	(1,070円)	(1080円)	(1090円)
☐5 5%	☐6 6%	☐7 7%	☐8 8%
(1,100円)	(1,110円)	(1120円)	(1130円)
☐9 9%	☐10 10%	☐11 11%	☐12 12%
(1,140円)	(1,150円)	(1160円)	(1180円)

☐13　その他〔　具体的に　　　%，あるいは　　　　　　　円　〕

８．お土産を通じた募金ではなく、募金箱のみの設置の場合、いくらであれば募命を支払っても良いと思いますか。（<u>１回だけ</u>募金する場合の金額をお答えください。）

_____ 円

９．上の問３で「□2　必要でないと思う」と答えた方に伺います。以下の選択肢のうち、あなたのお考えに最も近いもの<u>ひとつ</u>に〇をつけてください。

- □1　草原再生活動は、寄付以外の方法で行われるべきである
- □2　このような活動は信頼できない
- □3　このような活動には関心がない
- □4　関心はあるが、他人が支払ってくれるなら自分は支払いたくない
- □5　これだけの情報では判断できない

このアンケートに関してご意見がありましたら、ぜひお聞かせください

調査にご協力いただき有難う御座いました。

第5章　消費者による応援消費を通じた生物多様性保全の可能性

黒川 哲治・矢部 光保・並木 崇

はじめに

　農業と環境の共生が叫ばれて久しい。日本の自然は2次的自然であるため、人が適切に手を加えることで維持されてきた。その代表が水田である。水田には6,000種超の生き物が生息することが知られており（琵琶湖博物館WEB）、環境保全型農法と慣行農法の水田を比較すると、前者の方が生物多様性に富むことも多くの研究で明らかにされている（田中、2010；農林水産省農林水産技術会議事務局、2012a, 2012b；農業・食品産業技術総合研究機構、2018；片山他、2020）。

　一方で、農業者の高齢化などを背景に、荒廃農地が漸増している（農林水産省、2021）。荒廃農地化が進むと、そこが野生鳥獣の隠れ場所となり、鳥獣被害の温床となる。ひいては農業者の営農継続意欲を奪い、さらに荒廃農地化するという悪循環をもたらす。それゆえ、環境保全型農業に取り組む農業者を支援し、荒廃農地化させないことが環境と農業の共生には不可欠と言える。

　そのような中、自らの消費行動を通じて社会的に困窮している人々を支援する「応援消費」が注目されている。2011年3月の東日本大震災の被災地支援のため、応援消費が見られたことは記憶に新しい。新型コロナ禍の現在では、苦境に立たされている飲食店や農業者らの支援を目的とした消費行動も

見られる（リクルートライフスタイル、2020；石橋、2020；ジャパンネット銀行、2020）。

　このような消費者の利他性に基づく行動は、経済学が想定する消費者とは異なる。既往研究をみると、Lusk et al.（2007）やUmberger et al.（2009）は、公共財的な特徴を有する財に対する消費者評価において消費者の利他性が影響することを指摘している[1]。谷口・大竹（2014）は、東日本大震災の被災地復興支援を目的とした食品購入について、その行動要因とそれに至る意思決定構造を明らかにしている。有賀（2019）は、利他的意識の度合いを測る指標を用いて、それが復興支援のための消費行動に与える影響を選択実験で明らかにしている。環境保全に関するものとして、地域産葉物野菜の購入金額の一部が環境保全に還元される状況下での消費者の支払意思額を推計したもの（大西・田中、2019）などがある。

　しかし、これら既往研究の多くは災害復興や地域活性化が念頭になっており、生物多様性保全が目的とはなっていない。また、応援消費の対象品もコメや生鮮食品の購入がほとんどである。より広く浅く人々の支援を得るためには、他のチャネルを通じた支援方法についても検討しておくことが有益である。

　そこで本章は、どのような消費者が、環境保全型農法で栽培されたおコメを使ったランチを食すことで農業者を支援したいと考えているのか、どの程度割高でも食してもよいと思っているのか、仮想評価法（Contingent Valuation Method: CVM）を用いて明らかにすることを目的とする。

第1節　アンケート調査

1．調査概要

　WEBアンケート調査会社に依頼し、2020年11月19日から20日にかけてデータ取得のためのアンケート調査を実施した。調査対象は、首都圏（東京・神奈川・埼玉・千葉）、関西圏（大阪・京都・兵庫）、福岡圏（福岡・佐賀・

熊本）に在住の20歳以上の人で、各圏800人ずつ計2,400人から回答を得た。調査項目は、性別・年齢・職業など回答者の属性の他、おコメの購入に関する設問群、CVMに関する設問群の計19問である。

2．調査設計

　CVMは、仮想的な状況を設定し、環境改善に対する支払意思額または環境悪化に対する受入補償額を、アンケート調査等で調査対象者に直接尋ねる方法である。

　本研究の評価対象は、生き物に配慮した農法で栽培されたおコメを使用した外食ランチとした。既往研究では、生き物に配慮して栽培されたおコメ自体を評価対象とすることが多いが、消費者がより手軽に応援消費しやすい財として、外食ランチに設定した。

　次に、回答者に示した仮想的な状況を示す。

〈説明文〉

　全国各地の農村地域でいま、いろいろな動植物が姿を消しています。その原因として、コンクリートによる水路整備といったハード面以外に、環境への悪影響が懸念されている一部の農薬を使用した栽培などのソフト面も指摘されています。そこで、生き物が生息できるよう様々な配慮を行う「環境保全型農業」に取り組む農家が少しずつ増えています。

　いま飲食店Aでは、農薬や除草剤を減らしたり、水田やその周辺が生き物にとって生息しやすい環境となるよう工夫しながら栽培している農家からおコメを購入し、ランチメニューで使用していると仮定します。

　このおコメは、WWF（世界自然保護基金）ジャパンが生産地を訪問し、自然環境に配慮し、希少な動植物の保全につながっているかチェックして、基準を満たしたものについてWWFが「お墨付き」を与えたおコメ（仮にWWF米と呼ぶ）です。

　WWF米を使ったランチは、生き物保全のための支援金が含まれるため、

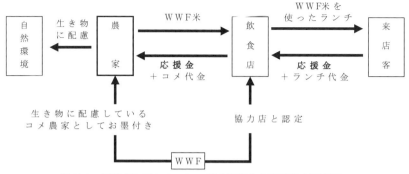

図5-1　回答者に示した WWF 米を通じた応援消費の説明図

少し割高な価格になっています。割高な金額分はWWF米の栽培に取り組む農家に全額還元されます。

　つまり、あなたがWWF米を使ったランチを食べると、飲食店の売上げ向上になるだけでなく、生き物の保全に取り組む農家を応援し、環境保全に貢献できる「食べて応援する」制度になっています。

　上記の説明の後、「飲食店Aに行って外食をしてみたいと思うか？」尋ね、「行ってみたい」「どちらとも言えない」と回答した者に対し、次のとおり尋ねた。「飲食店Aには、①農薬と化学肥料を用いて栽培された通常のお米を使ったランチと、②WWF米を使ったランチの２つあるとします。通常のお米を使ったランチの価格に比べ、WWF米を使ったランチの価格がX％高い時、あなたはどちらのランチを選びますか？ただし、通常のおコメより高い分（応援金部分）は全て農家に還元されるとします。」と、許容可能な割高率を尋ねた[2]。なお、説明文中のXには、10、20、30、40のいずれかの値が示される。

第２節　分析方法

　本研究では、ランダム効用モデルに基づく２段階２肢選択式のCVMを用

いた。この方法は、設定した複数の提示額から一つを回答者にランダムに提示してYES/NOで回答してもらい、YESと回答した場合にはより高い提示額を、NOと回答した場合にはより低い提示額を提示し、再度YES/NOで回答してもらうというものである。したがって、回答者の回答パターンは、第1段階および第2段階ともに「YES」、第1段階で「YES」かつ第2段階で「NO」、第1段階で「NO」かつ第2段階で「YES」、第1段階および第2段階ともに「NO」の4通り存在する。

　得られたデータをもとに、ロジスティック分布を仮定し、Pを受諾確率とすれば、以下のロジットモデルでパラメータを推定できる[3]。

$$P = \frac{1}{1 + exp(a - blnB_i - \boldsymbol{X_i'\beta})}$$

　但し、B_i：提示額、$\boldsymbol{X_i}$：回答者の属性ベクトル、$a, b, \boldsymbol{\beta}$：パラメータである。

第3節　結果と考察

1．回答者の基本属性

　表5-1に回答者の属性を示す。回答者の平均年齢は48.77歳（標準偏差13.25）となった。また、世帯年収のうち、「わからない/答えたくない」を

表5-1　回答者の属性

属性	内訳	人数（人）	割合（％）
性別	男性	1,400	58.3
	女性	1,000	41.7
年齢	20歳代	185	7.7
	30歳代	449	18.7
	40歳代	634	26.4
	50歳代	591	24.6
	60歳代	372	15.5
	70歳代以上	169	7.0
職業	会社員（正社員）	1,002	41.8
	会社員（契約・派遣）	142	5.9
	公務員	115	4.8

	自営業・自由業	166	6.9
	会社役員・経営者	64	2.7
	専業主婦（夫）	250	10.4
	パート・アルバイト	321	13.4
	年金生活者	119	5.0
	無職	176	7.3
	その他	45	1.9
世帯年収	200万円未満	178	7.4
	200万円以上400万円未満	414	17.3
	400万円以上600万円未満	452	18.8
	600万円以上800万円未満	387	16.1
	800万円以上1,000万円未満	269	11.2
	1,000万円以上1,200万円未満	131	5.5
	1,200万円以上1,500万円未満	77	3.2
	1,500万円以上	74	3.1
	わからない／答えたくない	418	17.4
同居する 子供	6歳未満の子	296	12.3
	6歳以上13歳未満の子	271	11.3
	13歳以上の子	677	28.2
	子供なし	1,290	53.8

出所：アンケート調査結果をもとに筆者作成。
注：同居する子供については、複数回答可とした。

除いて平均値を算出したところ、625.66万円（標準偏差345.57（万円））となった。

２．推計結果

仮想的な状況下における回答者の支払い諾否は**表5-2**のとおりである。

表5-2　各提示額に対する回答反応

第1段階 （第2段階　上位/下位）	YY	YN	NY	NN	計
10%（15% / 5%）	157 (33.8)	116 (25.0)	38 (8.2)	153 (33.0)	464 (100.0)
20%（25% / 15%）	127 (27.7)	104 (22.7)	10 (2.2)	217 (47.4)	458 (100.0)
30%（35% / 25%）	100 (20.5)	95 (19.5)	8 (1.6)	285 (58.4)	488 (100.0)
40%（45% / 35%）	114 (22.0)	101 (19.5)	10 (1.9)	294 (56.6)	519 (100.0)
計	498 (25.8)	416 (21.6)	66 (3.4)	949 (49.2)	1,929 (100.0)

出所：アンケート調査結果をもとに筆者作成。
注：上段は人数（単位：人）、下段は割合（単位：％）を示す。

表5-3　分析に用いた変数

変数名	定義	平均	標準偏差
income	世帯年収（単位：万円）	625.66	345.57
age	年齢（単位：歳）	48.77	13.25
female	性別（男性＝0、女性＝1）	0.42	0.49
U13child	同居する13歳未満の子供がいる＝1、 いない＝0	0.46	0.50
interest	水田およびその周辺に生息する生き物の保全に 関心あり＝1、関心なし＝0	0.49	0.50
EFFrice	普段購入するおコメが有機栽培米 または特別栽培米＝1、それ以外＝0	0.52	0.50
bid	提示率（単位：%）	—	—

表5-4　推計結果

	モデル1：全回答者			モデル2：WWF米賛同者		
	係数	標準誤差	p値	係数	標準誤差	p値
intercept	-2.848	0.499	<0.001	-1.216	0.541	0.024
ln_income	0.201	0.070	0.004	0.103	0.076	0.174
age	0.011	0.004	0.003	0.018	0.004	<0.001
female	0.698	0.092	<0.001	0.652	0.100	<0.001
U13child	0.267	0.109	0.014			
interest	0.986	0.088	<0.001	0.646	0.094	<0.001
EFFrice	0.815	0.086	<0.001	0.774	0.093	<0.001
bid	-0.048	0.002	<0.001	-0.073	0.003	<0.001
サンプル数	2,400			1,929		
対数尤度	-2807.622			-2370.938		
AIC	5631.244			4755.875		

　「WWF米を使用する飲食店Aに行って外食をしてみたい」と回答した人のうち、半数が提示した割増率に1回以上YESと回答した。

　次に、WTPの規定要因を探るため、全回答者を対象としたモデル1と、WWF米使用店に関心を示した回答者を対象としたモデル2について、**表5-3**に示す変数を用いて推計した。その結果が**表5-4**である。

　モデル1では全ての変数が統計的に有意となった一方、モデル2では「同居する13歳未満の子供」の有無を示す*U13child*と、世帯年収を示す*ln_income*を除く全ての変数が統計的に有意となった。

3．考察

　世帯年収の対数値*ln_income*の推定係数は、モデル1では有意に正だった。

一方、モデル2では非有意となった。WWF米ランチに興味を有する者にとって、ランチ選択に際して所得は影響しないことがうかがえる。

　年齢*age*の推定係数は両モデルとも1％有意で正となった。つまり、年齢が高い者ほど、WWF米を選択する可能性が高いことが示唆される。これは、昔の田園風景に郷愁を感じ、美しい自然を後世に残したいという遺贈動機に由来するものだと推察される。

　性別を表す*female*の推定係数は両モデルとも正で1％有意となった。男性に比べ、女性はWWF米を選ぶ傾向にあると言える。子供の健康に配慮して減農薬栽培としているWWF米が好まれたと見られる。

　水田およびその周辺に生息する生き物の保全に対する関心を示す*interest*の推定係数は、両モデルとも正の符号で1％有意となった。生き物保全に関心を有する人は、関心なしの人に比べ、WWF米を選択すると言える。

　普段購入するおコメが有機栽培米または特別栽培米か否かを表す*EFFrice*の推定係数は、両モデルで1％有意で正であった。日頃から環境保全型農法で栽培されたおコメを購入している人は、WWF米ランチを通じて環境保全型農業、それに携わる農業者に対する支援意向が高いと言える。

　最後に、WWF米の割増率を表す*bid*の推定係数は、1％水準で有意に負となった。回答者はWWF米の割増率を念頭に回答していることがわかる。

　以上を踏まえ、モデル1およびモデル2それぞれについて、WTPを推計した結果が**表5-5**である。

　これを見ると、次のことがわかる[4]。第一に、許容する割増率をみると、WWF米に興味を示さなかった者まで含めると数％程度なのに対し、WWF米に興味を示した者に限れば、回答者の50％が2割近く割高でもWWF米を選ぶことがわかる。

　第二に、WWF米を選択した人にその理由を問うたところ、「将来世代のために良好な自然を残してあげたい」という遺贈動機に基づく回答者と、「環境保全に貢献する農家を応援したい」という利他的動機に基づく人のWTPは、3割に上っている。ここから、生き物を保全したいという環境保全動機だけ

表5-5　WTPの推計結果

	モデル1：全回答者		モデル2：WWF米　賛同者	
平均値	16.561	[15.486 - 17.647]	21.651	[20.625 - 22.704]
中央値	4.117	[1.774 - 6.134]	18.514	[17.259 - 19.810]
	WWF米　賛同者のうち、			
	遺贈動機に基づく者		利他的動機に基づく者	
平均値	37.863	[35.151 - 40.811]	34.181	[32.051 - 36.271]
中央値	37.602	[34.899 - 40.610]	33.999	[31.875 - 36.136]

注：カッコ内はブートストラップ法による95%信頼区間の値を示す。

でなく、環境保全に取り組みつつ営農する農業者を支援したいという利他的動機からも、生き物の保全につなげられる可能性が示唆される。

おわりに

　本研究では、環境保全型農法で栽培されたおコメを用いた外食ランチに対する許容割増率を問うことで、生き物の保全と、それに取り組む農業者支援に対する都市住民の支払意思額を、2段階2肢選択式のCVMで推計した。その結果、次の2点が明らかとなった。

　第一に、WWF米ランチに興味を示した者は約18%の割増率を許容しており、「生き物の保全に取り組む農家を応援したい」という支払動機をもつ者に至っては約30%であることが明らかとなった。

　第二に、環境保全型農法で栽培されたおコメを購入する以外に、そのような農産物を生産する農家を応援したいという消費者の利他的動機由来の応援消費を活用した間接的な支援方法でも、生物多様性の保全につなげられる可能性が示唆された。

　最後に本研究で残された課題に言及したい。上記の可能性を具現化するには、農業者の取り組みが生物多様性の保全につながっているというエビデンスを消費者に示すこと、そして消費者の応援金が農業者に渡り、それが生き物の保全のために利用される透明な仕組み作りの二つが不可欠と考えられる。これらの点に関する研究は後継の研究に譲る。

謝辞

本研究は、2020年度公益財団法人JKAの助成を受け遂行された研究成果の一部です。この場を借りて深く御礼申し上げます。なお、本章における見解は、筆者らの所属組織とは関係ありません。

注
（1）これらについては氏家（2013）が包括的な文献サーベイを行っている。
（2）CVMでは具体的な金額を提示しWTPを尋ねることが多い。しかし、外食ランチの場合、個人により食す価格帯にかなり幅があることや、物価水準が地域ごとに異なることを考慮し、ランチ価格に対する割増率で尋ねた。
（3）分析モデルの詳細は専門的なため、説明を割愛する。詳細については Hanemann et al.（1999）、栗山（1998）、肥田野（1999）が詳しい。
（4）WTPの推計値として平均値を用いると、過大推計になることから、本章では中央値に基づいて見ていく。

参考文献

Hanemann, M., Loomis, J., & Kanninen, B.（1991）'Statistical Efficiency of Double-bounded Dichotomous Choice Contingent Valuation' American Journal of Agricultural Economics, Vol.73, No.4, pp.1255-1263.

Lusk, J. L., Nilsson, T., & Foster, K.（2007）'Public Preferences and Private Choices: Effect of Altruism and Free Riding on Demand for Environmentally Certified Pork', Environmental & Resource Economics, Vol.36, No.4, pp.499-521.

Umberger, W. J., Thilmany McFadden, D. D., & Smith, A. R.（2009）'Does Altruism Play a Role in Determining U.S. Consumer Preferences and Willingness to Pay for Natural and Regionally Produced Beef?', Agribusiness, Vol.25, No.2, pp.268-285.

有賀健高（2019）「被災地復興支援の消費行動と利他的意識に関する研究」、『環境情報科学学術研究論文集』第33号、pp.205-210.

石橋敬介（2020）「新型コロナウイルス問題下における応援消費の獲得方法の提案」https://dei-amr.jp/wp/wp-content/uploads/2020/05/e3e3dbbdfbbf9de1b14c3071c16c291a.pdf（2021年3月18日最終閲覧）

氏家清和（2013）「『おもいやり』と食料消費—公共財的側面をもつ属性に対する消費者評価—」、『フードシステム研究』第20巻2号、pp.72-82.

大西茂・田中勝也（2019）「「エシカル消費」としての地域農産物に対する消費者

選好」、『環境情報科学論文集』第33号、pp.163-168.

株式会社ジャパンネット銀行（2020）「「応援消費」に関する意識・実態を調査」https://www.japannetbank.co.jp/company/news2020/pdf/200227.pdf（2021年 3月18日最終閲覧）

株式会社リクルートライフスタイル（2020）「飲食店や生産者の支援が目的「応援消費」の意識・実態を調査（2020年10月実施）」https://www.recruit-lifestyle.co.jp/uploads/2020/11/RecruitLifestyle_ggs_20201118.pdf（2021年 3月18日 最終閲覧）

片山直樹・馬場友希・大久保悟（2020）「水田の生物多様性に配慮した農法の保全効果：これまでの成果と将来の課題」『日本生態学会誌』第73巻3号、pp.201-215.

栗山浩一（1998）『環境の価値と評価手法』北海道大学出版会.

田中幸一（2010）「農業に有用な生物多様性の指標―農林水産省プロジェクト研究の概要―」『植物防疫』第64巻9号、pp.600-604.

谷口葉子・大竹秀男（2014）「食品の「応援消費」の行動決定要因の分析―3.11被災地でつくられた食品の購買行動を例に―」、『フードシステム研究』第21巻3号、pp.158-163.

（国研）農業・食品産業技術総合研究機構・農業環境変動研究センター（2018）「鳥類に優しい水田がわかる生物多様性の調査・評価マニュアル」https://www.naro.go.jp/publicity_report/publication/pamphlet/tech-pamph/080832.html（2021年11月19日最終閲覧）

農林水産省（2021）「荒廃農地の現状と対策について」https://www.maff.go.jp/j/nousin/tikei/houkiti/attach/pdf/index-18.pdf（2021年11月17日最終閲覧）

農林水産省農林水産技術会議事務局・（独）農業環境技術研究所・（独）農業生物資源研究所（2012a）「農業に有用な生物多様性の指標生物調査・評価マニュアルⅠ調査法・評価法」http://www.naro.affrc.go.jp/archive/niaes/techdoc/shihyo/（2021年11月19日最終閲覧）

農林水産省農林水産技術会議事務局・（独）農業環境技術研究所・（独）農業生物資源研究所（2012b）「農業に有用な生物多様性の指標生物調査・評価マニュアルⅡ資料」http://www.naro.affrc.go.jp/archive/niaes/techdoc/shihyo/（2021年11月19日最終閲覧）

肥田野登（1999）『環境と行政の経済評価』勁草書房.

琵琶湖博物館WEB「田んぼの生きもの全種データベース」https://www.biwahaku.jp/research/data/tambo/（2021年11月17日最終閲覧）

第6章　寄付つきグリーン電力販売による農業支援

矢部 光保・楠戸 建

はじめに

　トキやコウノトリなど、地域固有の希少な生きものが存在する場合には、その名前を冠した生きものブランド農産物を販売することにより、その生きものの生息環境を保全するという手法は広がりつつある。あるいは、独特の農法や農文化が存在している地域では、世界農業遺産や日本農業遺産などに認定されるならば、特産物の販売や観光の活性化により、伝統的農業の維持・存続を支援することも可能であろう。しかしながら、このような希少な生きものや独特の農法・農文化が存在する地域は限られており、むしろ多くの農村地域に存在するは、普通の生きものや通常の農村風景であり、それらが我が国の農村の大半占めている。そのため、平凡でありながらも、日本の伝統的な農山村を支援する手法が必要になってくる。

　そこで、本章では、希少な生きものや世界・日本農業遺産に直接関係するような農産物の販売ではなく、農産物や農村環境とは直接的に関係を持たない商品に寄付をつけて販売する方法により、農村地域での生物多様性保全に対する資金確保の可能性とその条件を明らかにする。具体的には、電力という農村環境には直接関係ない商品に、生物多様性保全のための寄付をつけて販売することにより、農山村の環境保全のための資金を集めることができるか、集めることができるとしたら、どのような条件の下で集めることができるかについて検討する。そして、企業活動と生物多様性保全が両立して双方

に利益をもたらすための条件について明らかにする。

　周知のように、2016年4月1日から電気小売業への参入が全面自由化され、さらに家庭を低圧電源の全ての消費者が、ライフスタイルや価値観に合わせて、電気の売り手とサービス内容を自由に選ぶことができるようになった(資源エネルギー庁、2017)。2016年12月12日の時点では、372事業者の小売電気事業者が、多種多様なプランを提供し、開始から8カ月間の2017年1月末までに、小売電気事業者の変更は約282万件に上っている[1](電力広域的運営推進機関、2017)。

　それらの中には、株式会社ジュピターテレコムの「J:COMグリーンプログラム」や丸紅新電力株式会社の「トトロの森保全に向けたプラン(プランG)」(新丸紅電力、2015)などのように、環境保全活動や地域振興への寄付つきプランを打ち出すことで顧客獲得を目指した事業者も存在する。本章では、このような環境保全や地域貢献に対する寄付つきプランに焦点を当て、企業活動と農村地域の環境保全が両立する条件を明らかにするものである。そのため、東京電力管内を対象としたインターネットアンケート調査を行い、①このような寄付つき電力プランに切替えた需要者については、その特徴を把握する。②電力プランを切替えていない需要者については、寄付つきプランへの切替え意向と、切替え意向に関わる要因について明らかにする。最後に、得られた結果をまとめ、政策的含意を述べる。

第1節　調査の概要

1．スクリーニング調査

　本研究では、東京電力管内の1都8県(東京都・茨城県・栃木県・群馬県・埼玉県・千葉県・神奈川県・山梨県・静岡県)の電力需要者を対象に、アンケート調査を実施した。サンプリングは、WEBアンケート調査会社に委託し、該当地域に居住している登録モニターから回答を得た。配信期間は、2016年12月22日〜2017年1月25日である。

表6-1　アンケート回答数

切替え状況		スクリーニング 回答数	本調査 有効回答数
小売電気事業者を 変更し、電力プラ ンを切替えた者	環境寄付プラン	234	193
	社会活動支援寄付プラン	132	114
	グリーン電力プラン	1,801	338
	その他プラン	7,876	350
	切替プラン不明	5,442	0
	小計	15,485	955
小売電力会社は変更せず、電気料金プランの み切替えた者		3,221	－
電力プラン未切替者		111,294	505
計		130,000	1,500

　調査の手順は、大きく2段階に分けられる。まず、スクリーニング調査を行い、該当地域に居住しているモニター約83.5万人に対して予備調査を行い、13万人から回答を得た。次に、スクリーニング調査の回答者から抽出して、本調査を行った（**表6-1**）。

　スクリーニング調査の回答者13万人のうち、1）小売電気事業者を切替えた回答者は15,485人（11.9％）、2）小売電気事業者はそのままで、電気料金プランのみ切替えた回答者は3,221人（2.5％）、3）未切替えの回答者は111,294（85.6％）であった。

　次に、小売電気事業者を切替えた回答者について、切替えたプランを尋ねたところ、「環境寄付を含むプラン」は234人（小売電気事業者変更者の1.5％）であった。また、環境以外の「社会貢献活動への寄付を含むプラン」は132人（同0.9％）、再生可能エネルギーの使用を明示した「グリーン電力プラン」を選択した回答者は1,801人（同11.6％）であった。他方、お得な電力料金を強調する「その他プラン」は7,876人（同50.9％）、「切替えプラン不明」は5,442人（35.1％）であったことから、切替え者の8割程度は、主に経済的誘引から小売電力を切替えたと考えられる。

２．本調査

　本調査は、スクリーニング調査に連続して行ったため、調査期間はスクリーニング調査と同じである。また、本調査の回収サンプルを1,500とし、その中で各プランのサンプル数は、事前に行った予備調査結果の予測から、「環境寄付プラント」と「社会活動支援寄付プラン」は回答したモニター全員のサンプルを、「グリーン電力プラン」と「その他プラン」は各350サンプルを、電力プラン未切替え者は500サンプルを、調査会社から得ることにした。

　ここで言う「環境寄付プラン」とは、環境寄付を含むというプランであり、「社会活動支援寄付プラン」とは環境以外の社会貢献活動への寄付を含むプランであり、「グリーン電力プラン」とは再生可能エネルギーの使用を明示したプランである。

　しかしながら、本調査を実施したところ、データクリーニングの後、寄付つきプランのサンプル数が事前の予想よりも少なかったために、電力プラン未切替え者のサンプル数を505に増やし、全体で1,500サンプルを調査会社より得た。

　このようにして得られた本調査の回答者の概要は、以下の通りである。男性が69.6％、女性が30.4％であった。年齢構成は、30代以下が22.9％、40代が20％、50代が26.7％、60代が30.5％であった。また、所得階層は、300万円までが20.7％、301万円〜500万円が23.3％、501万円〜700万円が18.5％、701万円〜1,000万円が28.2％、1,001万円以上が16.9％であった。

第２節　電力プラン切替え者における各種プランの認知と評価

１．各種の電気料金プランに対する認知と評価

　本節では、小売電気事業者を選んで電力プランを切替えた者、すなわち、「環境寄付プラン」、「社会活動支援寄付プラン」、「グリーン電力プラン」、「その他プラン」を購入した合計995名のデータを対象に分析を行う。そして、各

電力プラン購入者について、その特徴を検討する。

　まず、環境寄付または社会活動寄付プランの購入者に対し、自分が購入したプランに導入されている寄付金額について、知っているか否かについて尋ねた。その結果、環境寄付プランでは39.9％が、社会活動支援寄付プランでは23.7％が電気料金に占める寄付金額について知っていた。

　他方、グリーン電力プラン加入者のうち、購入電力に占める再生可能エネルギーの割合を知っていた者の割合は40.5％であった。これらのことから、各プランの購入者の半数以上は、寄付金の多寡や再生可能エネルギーの使用量を意識しておらず、したがって、寄付金額の大きさや再生可能エネルギーの使用量よりも、寄付や再生可能エネルギーを使用するという取り組みそのものを評価して、それぞれのプランを購入したと思われる。

　次に、電力プラン変更時において、消費者は何種類かのプランを比較し、最終的に自分がもっとも良いと考えたプランを選択したと予想される。そこで、各プランの認知度を確認することにより、プランごとに、社会的関心度の広がりを確認しておきたい。すなわち、環境寄付プランの購入者は74.6％がグリーン電力プランの存在を知っており、社会活動支援寄付プランの購入者では64.6％がグリーン電力プランの存在を知っていた。他方、グリーン電力プラン購入者は、41.1％しか寄付つきプランの存在を知らなかった。したがって、寄付つきプランの購入者は、より広い視点からプランを選択したとことが読み取れる。

　さらに、その他プランの購入者が、寄付つきプランを認知している割合は、わずか20.0％であり、グリーン電力プランの購入者の認知割合41.1％よりも低かった。これから、その他のプランの購入者においては、寄付つきプランの認知度はグリーン電力プランほど高くないこと、特に、その他プランの購入者は、社会的な貢献を目的とする寄付つきプラン自体に関心が低いと思われる。

　なお、寄付つきプランやグリーン電力プランは、社会的関心の高い人々が購入すると予想される。そこで、社会的関心に関係すると予想される一つの

指標として学歴に注目すると、各プランの購入者に占める大学卒業以上の割合は、環境寄付プランで54.9％、社会活動支援寄付プランで63.1％、グリーン電力プランで65.7％、その他プランは60.3％であったのに対し、未切替え者は52.6％であった。これより、電力プランの切替え者は、未切替え者よりも学歴が高く、したがって、より社会的関心が高い人々であるという可能性が考えられる。

2．電気料金プランに対する期待

　次に、顧客獲得の視点から、電力料金プラン切替え者は何を期待して電力料金プランを切替えたのか、そして、切替えた後、そのプランをどのように評価したかを見ていく。

　アンケートでは、プラン切替え者が、電気料金の切替えに期待していた内容について質問を行った。そして、重複回答を含め、その項目に期待していた回答者数の割合を、それぞれの料金プランで計算することにより、その項目の期待のウエイトと見なした。

　まず、**表6-2**では、料金が安くなることは、どのプランの購入者も最も期待していたことがわかる。特に、「その他プラン」購入者は、料金が安くなることへの期待のウエイトの67.4％であり、寄付つきプランやグリーン電力プランの購入者の30数％の約2倍の割合であり、購入動機が大きく異なることが見て取れる。つまり、「その他プラン」購入者は、経済的利益の観点から電力自由化に期待しており、実際もそのような観点から電気プランの切替

表6-2　各電気料金切替者の購入プランに対する期待の比較

	料金が安くなる	再生可能エネルギーの割合が高い電力利用	地域に貢献	原発由来でない電力利用	環境保全に協力
環境寄付プラン	33.3%	15.7%	12.5%	21.3%	17.2%
社会活動支援寄付プラン	44.4%	12.7%	14.8%	14.5%	13.6%
グリーン電力プラン	32.5%	19.6%	10.4%	24.4%	13.1%
その他プラン	67.4%	3.5%	7.7%	12.8%	8.5%

えを行ったと考えられる。

　他方、２つの寄付つきプラン購入者や、グリーン電力プラン購入者については、それぞれの関心によって期待していた項目が異なっていた。まず、環境寄付プラン購入者について見ると、「料金が安くなること」への期待が33.3％とやや高いものの、「原発由来の電力でないこと」への期待が21.3％であり、それに次いで「環境保全への貢献」が17.2％を占めており、比較的環境保全意識が高いことが分かる。

　次に、社会活動支援寄付プラン購入者について見ると、「料金が安くなること」への期待が44.4％と高いが、次いで「地域に貢献」が14.8％となり、これより僅かに低くて「原発由来の電力でない」14.5％となっている。したがって、社会活動支援寄付プラン購入者は、他のプラン購入者よりも相対的に、地域貢献を重視していることが分かる。

　さらに、グリーン電力プラン購入者については、「料金が安くなること」の相対的が32.5％と４つのプランの購入者の中で最も低くなっている一方で、「原発由来の電力でない」が24.4％、次いで「再生可能エネルギーの割合が高い電力の利用」が19.6％と４プラン購入者の中で最も大きくなっている。このようにグリーン電力プラン購入者らしい購入動機を示していると言ってよい。

　興味深いことに、グリーン電力プラン購入者において、「電気料金に上乗せして寄付をしてもよい」と答えた回答者は19.8％、「電気料金が変わらないのであれば、寄付つきプランを選びたい」と答えた回答者は44.7％など、６割以上の回答者が寄付つきプランについても協力意向を持っていた。このことから、潜在的なグリーン電力プラン購入者に対しては、グリーン電力と組み合わせて、自然環境の保全との関わりを示すことができれば、顧客獲得と寄付集めの両面から有効な手段となることが期待される。

３．切替えプランの内容に対する事後評価

　以下では、提供された切替えプランの有効性を確認するため、切替えプラ

表6-3　購入プランの内容が期待通りと回答した人の割合

	料金が安くなる	再生可能エネルギーの割合が高い電力の利用	地域に貢献	原発由来でない電力利用	環境保全に協力
環境寄付プラン	69.4%	76.7%	92.9%	91.6%	75.5%
社会活動支援寄付プラン	63.3%	85.4%	61.5%	62.9%	72.7%
グリーン電力プラン	68.6%	69.1%	79.7%	70.2%	73.1%
その他プラン	65.6%	42.3%	19.3%	67.0%	17.5%

ンに期待した内容が期待通りであったどうかについての質問を行い、その結果を表6-3に示す。料金が安くなることについては、全プランの購入者において、期待通りであった回答者の割合は60%代であり、あまり大きな差異はなく、ある程度の評価が得られている。しかしながら、新規料金プランを勧誘するとき、電気料金が安くなると宣伝して顧客獲得を図っているにも関わらず、3分の1程度の切替え者は、必ずしも電気料金は思ったほど安くならなかったと回答しているので、各料金プランの提供者においては、丁寧な説明が必要であると言えよう。事実、利用者の電気料金が少額な場合には、かえって切替によって電気料金が高くなるプランもあるので、電気料金の節約を目的にプランを変更する購入者においては、慎重な対応が必要となってくる。

次に、各プランの購入者ごとに、期待通りであった否かについて見ていくと、環境寄付プランの購入者では、「地域に貢献」は92.9%が期待通りであり、「原発でない電力利用」については91.6%が期待通りであったと回答している。しかしながら、本来の目的であった「環境保全に協力」については、評価が厳しく、期待通りであった割合は75.5%と低くなっている。

社会活動支援寄付プラン購入者においては、「再生可能エネルギーの割合が高い電力の利用」について、85.4%が期待通りと答えた反面、本来の目的である「地域に貢献」が期待通りであった人は61.5%であり、厳しく評価されている。

グリーン電力プラン購入者においては、プラン変更の主要目的である「再

生可能エネルギーの割合の高い電力利用」について、期待通りであった割合が69.1％、「原発でない電力の利用」のそれが70.2％であるが、「地域に貢献」の79.7％に比べて低くより厳しく評価されている傾向が読み取れる。

その他プランの購入者においては、「原発出来でない電力利用」が67.0％、「再生可能エネルギーの割合の高い電力利用」が42.3％であるのに対し、「地域に貢献」が19.3％、「環境保全に協力」が17.5％であり、かなり低くなっている。

以上のような結果となった理由として、購入した電力が既に再生可能エネルギーを含んでいるならば、購入がそのまま活動支援につながるのに対して、地域貢献や環境保全の活動が含まれていない、あるいは、仮に含まれていても、導入後間もない現時点では実際の活動報告までは行われていないため、そのプランを通して活動を支援しているという実感が得られていないためと考えられる。このことは、上述の寄付つきプランにも当てはまる。

したがって、電気プランを通して支払った寄付が有効に使われ、その活動結果が購入者に情報提供されることで、評価は改善するものと考えられる。

第3節　電力プラン未切替え者に関する分析

1．電力プラン未切替え者における寄付つきプランの認知度

寄付つき電力プランを通じて、農山村の環境保全への資金供給拡大の可能性について検討するためには、未切替え者の意向について把握する必要がある。そこで、以下では、電力プランを切替えていない505名を対象に、寄付つきプランに対する認知と変更意向について分析を行う。

まず、地域貢献や環境保全協力などの寄付つきプランについて、未切替え者の認知度を見ておく。アンケート結果から、2つの寄付つきプランに対する認知度は16.2％であり、グリーン電力プランの認知度37.4％よりも低いことがわかった。また、寄付つきプランの購入意向については、「電気料金に上乗せして寄付してもよい」と答えた者は1.8％と少なかったものの、「月々

の電気料金が変わらないのであれば、寄付つきプランを選びたい」と31.3％が答えており、回答者の 3 分の 1 程度の割合で、購入意向が存在することが確認された。つまり、現在は、環境への寄付つき電気料金プランに切替えていないものの、将来、電力料金プランが豊富になり、より魅力的なプランが開発されるなどした場合には、一定数の未切替え者は、寄付つきプランの購入者になる可能性があると言える。

2．分析手法

　本研究の調査票においては、最初に、新電力プランに対する知識や購入意向を質問した後、以下のような仮想評価法の質問を行い、その後、個人属性や環境に対する考え方を尋ねた。

　この仮想評価法とは、アンケートを行い、仮想的な状況を得るために支払ってもよいと被験者が答えた金額でもって、仮想的な状況の価値を推計する手法であり、新しい商品や市場で取引されない環境の価値評価などに広く用いられている。本研究では、提示された電力料金プランが、農村環境保全に貢献するとした場合、そうでないプランと比較して、追加的に支払ってもよいと考えた金額をもって、購入者の農村環境保全に対する価値とみなした。

　仮想評価法には、様々な質問形式があるが、本研究では、支払金額のリストから、支払ってもよいと考える金額を選ぶ支払いカード方式の質問形式を採用した（Cameron and Huppert,1989）。この金額の選択過程においては、回答者は 2 段階で行うと仮定した。まず、 1 ）支払うか、支払わないかを決め、次に、 2 ）支払うとすれば、いくら支払うかを決定すると仮定した。そして、「支払いたくない」を選択した場合には、支払い金額を答えた回答者とは別グループと見なすサンプルセレクションのアプローチをとった。また、支払意思額は、選択した金額とそれより一つ低い金額との間にあると仮定して、サンプルセレクションのあるグループドデータモデル（Bhat,1994）を採用して分析を行った。なお、仮想評価法のアンケート文は、以下のとおりである。

　仮に、以下のようなプランを選ぶことができる場合についてお尋ねします。

　太陽光発電は、再生可能エネルギー供給源として貢献していますが、棚田など農山村の伝統的景観に溶け込まなかったり、生きものたちの生息環境と競合したりする場合もあります。

　そこで、仮に、伝統的な棚田の維持管理やそこでの生きものの生息環境を豊かにする活動を行う団体に対して、寄付を行うプランが選べるとします。ただし、信頼がおける団体で、毎年の活動内容については、HPなどを通じて報告されるとします。

問　あなたは、電気料金を通じて、このような取り組みへの寄付をしてもよいと思いますか。ただし、1年契約で、契約期間終了後には、料金プランを変更できるとします。その場合、いくらまでなら1ヶ月の料金に、この寄付金を加えて支払ってもよいと思いますか。1ヶ月当たり料金を以下の中からお選び下さい。

支払いたくない

□10円まで　　　□20円まで　　　□30円まで　　　□50円まで　　　□70円まで
□100円まで　　□200円まで　　□300円まで　　□500円まで
□700円まで　　□1,000円まで　□1,500円まで　□2,000円まで
□それ以上（　　　）円

３．データの定義と特性

　次に、分析に使用した変数の定義とそのデータの基本統計量を**表6-4**に示す。*WTP*は、寄付つき電力プランの寄付金額に対する回答者の支払意思額である。この*WTP*の変動を説明するのが、*Income*以下の説明変数である。この*Income*「世帯収入」と*EleRate*「1ヶ月の平均的な電気料金」について、推計モデルにしたときには、その値の自然対数をとった。次に、*ED*「前年の環境保全活動」と*SD*「その他の社会貢献活動への寄付金額」は、ゼロ円

表6-4　変数の定義及び基本統計量

変数	定義	平均	標準偏差
WTP	仮想的な電力プランに対する追加 WTP（円）	108	253.52
Income	世帯年収（万円）	612.67	357.07
EleRate	1 ヶ月の平均的な電気料金（円）	7976.24	4260.31
ED	前年の環境保全活動への寄付金額（円）	420.59	2298.46
SD	前年の社会貢献活動（環境保全活動を除く）への寄付金額（円）	1067.33	4625.48
SchYr	回答者の就学年数（年; 中学校=9, 高等学校=12, 専門学校・短大=14, 四年制大学=16, 大学院以上=18）	14.55	2.08
Households	世帯人数（人 = 1, ···, 6 人以上 = 6）	2.59	1.24
Age	回答者の年齢（歳）	49.98	12.57
Male	男性ダミー（男性 = 1, それ以外 = 0）	0.65	0.48
Bother	寄付のためにわざわざ出向くのは面倒（そう思う=5, …, そう思わない=1）	3.58	1.08
Freeride	寄付プランにはフリーライドの可能性がある（そう思う=5,…, そう思わない=1）	2.82	0.97
Resist	電気料金プランによる寄付には抵抗を感じる（そう思う=5, …, そう思わない=1）	3.17	0.95
Undercons	電気料金プランの変更を現在検討しているか（現在検討中=1, それ以外=0）	0.07	0.25
Possibility	電気料金プラン変更の可能性（変更を検討するかもしれない=1, それ以外=0）	0.34	0.48
Easy	電気料金プランの切替え手続き（とても簡単=5, …, とても難しい=1）	2.81	1.01

の場合もあるので、説明変数として使用する時には、それぞれに1を足して自然対数をとったもを使用した。なお、推定にあたっては、統計ソフトNLOGIT5を用いた。

4．分析結果

　以下では分析結果を見ていく。まず、「支払うか否か」という、支払の有無に関するモデルの推定結果を述べる。分析結果は、**表6-5**のとおりである[2]。1％水準で統計的に有意かつ正の推定係数であった説明変数は、「前年の環境保全活動への寄付金額（ln（ED+1））」、「前年の社会貢献活動（環境保全活動を除く）への寄付金額（ln（SD+1））」、「寄付行動の煩雑さ意識（$Bother$）」、「電力料金プラン変更の可能性（$Possibility$）」であった。また、10％水準では「電力料金プランの切替え手続きの主観的な容易さ（$Easy$）」であった。

　この結果から、寄付の種類に関係なく、前年の寄付金額が高いほど、また、

表6-5　推定結果

説明変数	支払うか否か(WTP>0)		支払うとしたらいくら支払うか(WTP | WTP>0)	
	推定係数	標準誤差	推定係数	標準誤差
Constant	-0.3	-1.22	2.77	-1.76
ln（*Income*）	0.01	-0.12	-	
ln（*EleRate*）	-0.03	-0.13	0.11	-0.18
ln（*ED+1*）	0.13 ***	-0.03	0.07 **	-0.04
ln（*SD+1*）	0.07 ***	-0.02	-0.06	-0.04
SchYr	0	-0.03	0.07	-0.06
Households	0.01	-0.06	0.16 *	-0.09
Age	0	-0.01	0	-0.01
Male	-0.37 ***	-0.13	0.18	-0.21
Bother	0.21 ***	-0.07	-	
Freeride	-0.17 **	-0.08	-	
Resist	-0.25 ***	-0.08	-	
Undeecons	0.04	-0.28	-	
Possibility	0.52 ***	-0.14	-	
Easy	0.11 *	-0.07	-	
$\hat{\sigma}$			1.27 ***	-0.09
$\hat{\rho}$	-0.22	-0.29		

Obs.=505
LogLikelihood=-759.6
AIC=1569.2

注：***、**、*はそれぞれ、1％、5％、10％水準でパラメーターの推定値が0である
という帰無仮説が棄却されることを示す。

　寄付を行う場合には、環境保全活動への寄付金額が高いほど、寄付つき電力
プランへの協力確率が高いことが明らかになった。このことは、社会的活動
への関心に加え、既に寄付行動をしている人ほど、このようなプランに対し
ても協力する確率が高いことを示している。

　また、寄付行動が煩雑と思う回答者ほど、協力確率が高いことは、電気料
金に寄付金を付加した場合、わざわざ寄付に行く手間を省くことができるた
め、そのような方法に対して積極的評価が得られた結果と考えられる。さら
に、プラン変更検討の意志はあるが、まだ具体的なプランを決定していない
回答者は、このような寄付つきプランに対する協力意識が比較的高いことが
推定結果から明らかになった。

　他方、有意に負の推定係数であった説明変数は、1％水準で「男性ダミー

(*Male*)」と「電気料金プランを通じた寄付への抵抗意識（*Resist*)」、5 ％水準で「寄付プランに対するフリーライドの危惧（*Freeride*)」であった。つまり、女性であり、電気料金プランによる寄付という方法に肯定的であって、環境保全にただ乗りされることを気にしない人ならば、このような寄付つきプランを支援する確率が高くなることを示している。この結果は、先行研究と整合的である（Grammatikoulou and Olsen, 2013)。

　以上の点から、今後、このような寄付つきプランを周知していく際には、切替え意志はあるが、まだ具体的には決定していない消費者を中心に、宣伝広告活動を展開していくことが効果的であると言える。また、電気料金プランの切替え手続を容易にすることは、寄付つきプランへの参加において重視される条件であることが確認された。さらに、本調査でも、女性の方が寄付つきプランに協力的であることも確認された。

　次に、「支払うとしたらいくら支払うか」という推計モデルの分析結果を見ていく。支払金額の推計モデルで有意な変数は、5 ％の有意水準では「前年の環境への寄付金額（ln（*ED*+ 1)」であり、10 ％水準では「定数項（*Constant*)」と「世帯人数（*Households*)」であり、いずれも推定係数は正である。前年の環境への寄付金額が高いほど支払意思額が高いのは、ほとんどの先行研究と整合的である（Krishnamurthy and Kriström,2016)。世帯人数が多いほど支払意思額が高いのは、子供の人数が増えるほど将来に向けて昔ながらの農村の環境や景観を残していきたいと考えるからであると解釈できる。

5．考察

　以上の分析結果から、寄付つき電力プランを「購入するか購入しないか」という意思決定においては、社会貢献や環境保全に対する意識だけではなく、支払の手間など支払いに伴う機会費用を考慮すること、つまり支払手段の影響が大きいことが明らかとなった。そのため、農村の環境・景観の保全の資金を調達する場合、支払意思はあっても、寄付の支払手続きが面倒などの理

由から支払行動にまでは至らなかった潜在的協力者に対しては、寄付つき商品のような支払手段が開発されるならば、支払に伴う機会費用が低減できるため、潜在的協力者からも資金を調達できる可能性が高いことが明らかになった。

　また、電力プランの切替え手続き自体が難しいと感じることは、電力プランの変更が進まない要因の1つである（資源エネルギー庁、2017）。しかし、この手続きが簡素化されるならば、消費者の電力プランの円滑な変更を促すのみならず、寄付つきプランのような向社会的なプランへの協力も促すことができることも明らかとなった。

おわりに

　本章では、農産物や農村環境とは直接的に関係を持たない商品に寄付をつけて販売することにより、農村地域での生物多様性保全に対する資金調達の可能性が高められるか、もし高められるとしたら、その条件は何かを検討した。具体的には、環境保全寄付つき電力の販売を通して、農村環境保全に向けた資金調達の可能性と、その推進に向けた課題について検討を行った。

　まず、既に寄付つき電力料金プランの購入者のアンケート調査から、寄付つき電力プランを通した環境保全資金の調達は、一定の電力購入者において、既に受け入れられていることが確認された。その一方、寄付つき電力プランについては、期待通りではなかった回答者が少なからずいたことから、プラン自体の改善とともに、環境保全に向けた取り組みの結果が、購入に対して見えにくく、今後の活動に関する情報提供の重要性が示唆された。

　次に、電力プランをまだ切替えていない者に対する分析結果からは、寄付つき電力プランの導入は、寄付する意志はあっても、寄付をするために銀行等に行くのが面倒であるなど、寄付行為の機会費用の高さが障害となっている人々の存在が確認された。このような人々に対しては、寄付行為の機会費用を低減させることで、寄付獲得の可能性が高まることが明らかになった。

また、切替え手続きが面倒であるとの回答から、変更手続きの簡素化に向け
た取り組みの必要性や、電力プラン切替え者の中で、必ずしも環境寄付つき
電力料金プランが知られていなかったことから、適切な宣伝広告の必要性が
示唆された。このような取り組みが推進されるならば、より多くの消費者に
対して、自発的な寄付つき電力プランの購入が促され、農村環境保全に対す
る資金提供の可能性が高まると考えられる。

　これらのことを電力販売事業者の立場から見ると、電気料金の安さだけで
はなく、効果的な宣伝広告活動を介して環境保全などの寄付つきプランを提
供することでも、より多くの電力購入者を獲得できることを意味する。

注

（1）この変更件数は、電力広域的運営推進機関のスイッチング支援システムの利
　　用状況における、スイッチング開始申請の件数である。この支援システムは
　　高圧電力も対象としているため、今回対象とする家庭用低圧電力の変更件数
　　とは必ずしも一致しない。
（2）「支払うか否か」の段階と「支払うとしたらいくら支払うか」の段階のモデル
　　で説明変数が異なるのは、多重共線性への対応（例えばCameron and Trivedi,
　　2010）のためである。また、他の側面としては、BotherからEasyまでの変数は、
　　「支払うか否か」の意志決定のみに関わり、「支払うとしたらいくら支払うか」
　　とは関わらないという仮説に基づいている。実際に除外された変数をモデル
　　に追加しても、パラメーターは有意には推計されない。

引用文献

Bhat, C. R.（1994）Imputing a continuous income variable from grouped and
　missing income observations, *Economic Letters*, 46（4），311-319.
Cameron, A. C. and Trivedi, P. K.（2010）Tobit and selection models,
　Microeconometrics using stata Revised edition, Stata Press, 535-566.
Cameron, T. A. and Huppert D. D.（1989）OLS versus ML estimation of non-
　market resource values with payment card interval data, *Journal of
　Environmental Economics and Management*, 17, 230-246.
Collins, A. R. and Rosenberger, R. S.（2007）Protest adjustments in the valuation
　of watershed restoration using payment card data, *Agricultural and Resource
　Economic Review*, 36（2），321-335.
電力広域的運営推進機関（2017）『スイッチング支援システムの利用状況について

（1 月31日時点）』

https://www.occto.or.jp/oshirase/hoka/files/20170210_swsys_riyoujyoukyou.
pdf（2017/2/14アクセス）.

Grammatikopoulou, I. and Olsen, S. B.（2013）Accounting protesting and warm
glow bidding in Contingent Valuation surveys considering the management of
environmental goods; An empirical case study assessing the value of
protecting a Natura 2000 wetland area in Greece, *Journal of Environmental
Management*, 130, 232-241.

Krishnamurthy, C. K. B., Kriström, B.（2016）Determinants of the Price-Premium
for Green Energy: Evidence from an OECD Cross-Section, *Journal of
Environmental and Resource Economics*, 64, 173-204.

丸紅新電力（2015）「スタジオジブリとの取り組み」

https://denki.marubeni.co.jp/special/（2018年 3 月 8 日アクセス）.

資源エネルギー庁（2017）『平成28年度エネルギーに関する年次報告（エネルギー
白書 2017)』.

第7章 NPO等を中核とした協働活動による農業支援

黒川 哲治・稲垣 栄洋・矢部 光保

はじめに

　荒廃農地の存在が各地の自治体で大きな影を落としている。荒廃農地を放置しておくと、野生鳥獣の隠れ場になるだけでなく、雑草が繁茂し雑草の種子が周辺農地へ飛散したり、景観悪化につながったりする。また、今後リタイアする農家の増加が予想され、現在利用中の農地も荒廃農地化する可能性が高まっている。

　そのような中、元のような農地として荒廃農地の活用を目指す取り組みや、農業農村と民間団体の交流や協働活動を推進し、農村地域の活性化につなげようとする動きが散見される。しかし、農業農村の維持に必要な労働力を欲する農村に対し、人数や日程などの面で企業や大学などと折り合わないことも多く、そもそも両者に出会いがないといった問題もある。

　このような背景のもと、企業等と農村のマッチングを図り、農業農村の活性化につなげる一社一村運動が全国的に拡大している。様々な主体をマッチングする試みは、問題解決や新たなビジネスにつながることも多く、各方面で求められている。

　そこで本章では、一社一村運動の先駆けである静岡県を取り上げ、NPO等を中核とした協働活動、とりわけ荒廃農地を再生し利活用している事例を概観し、農村と民間の連携による協働活動の現状や成功要因等を明らかにする。

第1節　一社一村しずおか運動にみる協働活動

1.一社一村しずおか運動の概要

　農村地域の過疎化や高齢化による荒廃農地の増加は静岡県でも大きな問題となっている。そこで、都市農村交流を進め農村地域の活性化を図る目的から、同県は2005年に「一社一村しずおか運動」に取り組み始めた。

　一社一村運動は、荒廃農地の復元や棚田オーナー制への参加、ビジネス提携など、労働力や資金などの面で企業が農村と協働し、それを通じて農山村地域の活性化を目指す農民連携運動である。つまり、農村は企業などに活動場所や地域資源を提供する一方、企業等は人材やアイデアなどを農村に提供することで、双方にとってwin-winな関係を構築し、継続的な都市農村交流につなげることを目指している。

　この運動を通じて、農村側には協働による人材・労働力の確保、荒廃農地化防止による農地の良好な保全、都市住民との交流を通じた地域活性化などが期待できる。一方、企業等には、CSR（企業の社会的責任）や環境保全に取り組む企業としてのイメージアップ効果、農山村の潜在的な地域資源を活用した新たなビジネスチャンスの掘り起しにつながることが期待されている（静岡県WEB）。

2.一社一村しずおか運動の制度

　農村と企業等の協働活動を通じた地域活性化を目的とする一社一村運動では、「労働力の支援をして欲しい」「農産物等の顧客・販売先を広げたい」「企業と共同で特産品を開発したい」等の農村地域のニーズと、「CSRの一環として社会貢献したい」「社員教育や福利厚生に活用したい」「地域資源を活用しビジネスにつなげたい」といった企業等のニーズをマッチングすることが重要となる。静岡県では、マッチングのための仲介機関として県交通基盤部農地局農地保全課がその役割を担っている（静岡県WEB）。

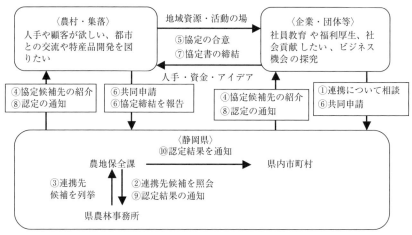

図7-1　一社一村運動における認定までの手続き

出所：石部地区棚田保全推進委員会および県庁へのヒアリングをもとに作成

図7-1は、一社一村運動におけるマッチングから認定までの手続き、農村・企業等・県の役割を示したものである。具体的には次のとおりである。まず、一社一村運動に参加したい企業・団体等（あるいは農村）は、県農地保全課に相談を持ちかける（**図7-1①**）。県農地保全課は企業や農村等の希望を把握したうえで、県内の県農林事務所に提携先候補を照会する（**図7-1②**）。各事務所は、県内の企業や農村などに詳しいことから、それぞれの希望に沿った提携候補をリストアップし、県農地保全課に情報提供を行う（**図7-1③**）。それをもとに、農村および企業に対して協定締結に向けた協議（いわゆる「お見合い」）を勧める（**図7-1④**）。紹介された企業と農村は双方で協定締結に向けて自主的な協議を重ね、合意に達すれば（**図7-1⑤**）、農村と企業等が農林事務所経由で県農地保全課に共同申請する（**図7-1⑥**）。それを受けて農地保全課は協定内容を確認し、問題がなければ締結書を取り交わすとともに（**図7-1⑦**）、申請元の農村・企業に認定を通知する（**図7-1⑧**）。同時に、農林事務所に認定結果を通知し（**図7-1⑨**）、県WEBサイトにもその情報を掲載する。併せて、協定を締結した農村の所在自治体にも認定通知を行う（**図7-1⑩**）。

　なお、一社一村しずおか運動の認定要件として、1）農山村と企業がそれ
ぞれの資源・人材・ネットワーク等を活かし、双方にメリットのある協働活
動を目指すものであること、2）地域活性化に向けた活動であること、3）
活動が継続して3年間行われる見込みがあることの三つが設定されている。

3.一社一村しずおか運動の特徴

　この運動の特徴として次の3点を指摘することができる。第一に、県の事
業として行っていない点である。この運動は県の事業ではないため、事業計
画や目標の策定が不要であるとともに、事業予算も付けられていない。それ
ゆえ、予算措置の中止と共に当該運動も中止に追い込まれることがなく、継
続的な実施が可能になっている。また、この運動を展開するにあたり、県担
当部署は特別な人員を割く必要がなく、行政機関の負担も少ない。これらが
「緩やかに長く続く」取り組みの要因の一つとなっている。

　第二に、県による積極的な関与がない点である。県農地保全課が窓口にな
っているが、その主な役割は農村や企業に対して連携先を紹介する仲介・マ
ッチング機能に留まる。実際に連携先候補の照会は、県農林事務所が担って
いる。よって、県担当部署とその出先機関の間で、農村や民間企業等の情報
を共有することがマッチングに際して重要となっている。

　第三に、一社一村運動に参加する主体の特徴である。企業側は社会貢献や
社員教育の一環として参加している例が多いため、保全すべき対象が明確で、
取り組み成果が目に見える活動場所を希望することが多いという。一方、農
村側は、集落が直面する危機的な状況打開に向け協定締結以前から行動を起
こしている農村が多い。以上から、農村や企業等の要望や意図をいかに把握
し、双方を結び付けるかが重要であると言える。

4.一社一村しずおか運動の状況

　2005年の開始以降、取り組み数は着実に増加し、2020年9月末時点で36地
区44組が認定されている（**図7-2**）。その中身を見ると、従業員を多数抱え

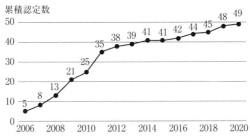

図7-2　一社一村しずおか運動の認定数の推移（年度別類型）
出所：静岡県WEBをもとに作成

る大企業が複数地域と協定を締結している事例[1]が見られる。このような
ケースでは、社員教育の一環として参加している企業が多い。しかし、一つ
の集落に大勢押しかけてしまうと、受け入れる農村側に過度な負担となり、
受け入れ困難な状況になってしまいかねない。そのため、同一期間内に複数
の地域と協定を結ぶことで、社員を各協定先に分散して送り込んでいる。

　一方、一農村が複数の企業と協定を締結している事例[2]もある。農業で
は1年を通じて様々な作業があるため、人手確保が不可欠となる。そこで、
複数の企業や大学などと協定を結ぶことで、人手を分散確保する狙いがある。
また、支援する企業それぞれに得意分野があるため、複数の企業等と同時に
協働取り組みを行うことで、多様な支援が期待できる。

　さらに最初の取り組み期間（3年間）が終了した後も協定を更新したり、
別の企業と新たに協定を締結したりするなど、継続した活動を行う農村も見
受けられる。このように、最初の協働活動を機に、息の長い取り組みへと発
展していくことが目指している姿と言えよう。

第2節　一社一村しずおか運動の事例

1．NPO法人フロンティア清沢

（1）調査対象の概要

　静岡市葵区北部の中山間地域に位置する清沢地区は、静岡市街から約

20km北上した所にある人口1,250人、350世帯、高齢化率43%という典型的な中山間地域である。

　そこで活動するのがNPO法人フロンティア清沢である。フロンティア清沢は、清沢地区を中心とする周辺地域において、食文化等を通じて都市と農山村の交流などを行い、中山間地域における地域資源を活用したモデル的な地域づくりを進めている。その活動の一つとして荒廃農地の再生に取り組んでいる（きよさわ里の駅WEB）。

（2）レモン栽培による荒廃農地の解消と商品化

　清沢地区でも荒廃農地が目立つようになり、イノシシやサルなどによる獣害も課題であった。そこで、獣害被害を受けず、意外性のある農作物を検討した結果、レモンが選ばれた。レモンはその酸味ゆえ、獣害被害を受けにくいこと、栽培に手間があまりかからないこと、レモンの適採期が冬場（11〜12月）のためコメや茶栽培との両立も可能なことが決め手になったという。

　水田や茶畑だった地区内の荒廃農地のうち、比較的目につきやすい場所をNPO法人で借り受け、そこにレモンの苗木を植え、2010年から無農薬栽培している。これまでに約1,700本程度植樹しているが、レモンは寒さに弱いため、枯死率は約3割に上るという。栽培開始当初は収穫量が少なかったものの、近年は一定量を確保できるようになっている。

　収穫されたレモンは、一社一村運動を通じて複数の商品に加工されている。その第1弾加工品として2012年11月に発売開始されたのが「清沢式ぶっかけレモン」である（**図7-3**）。年間5,000個以上を売り上げるまでになった当該商品は、レモンの果肉が入った用途多岐にわたるドレッシングである。この商品の包装ラベルは企業と協力して開発している他、商品の製造は焼津市の缶詰会社のラインを借りて製造している典型的な6次産業化商品である。

　第2弾として2015年冬に発売されたのが「清香（さやか）のレモンキャンディ」（**図7-4**）と「清沢レモン練り香水」の二つである。前者は、砂糖漬けのレモン皮が入った飴で、後者はレモンの皮から採取されたオイルを使用

図7-3　清沢式ぶっかけレモン

出所：kiyoswalemon's STORE WEB

図7-4　清香のレモンキャンディ

出所：清沢レモンFacebook

した、レモンの香りがほのかにする固形型香水である。

　前者の製造にあたっては、一社一村運動の提携先である「静甲株式会社」が協力し、レモンを搾汁している。静甲株式会社は、静岡市清水区に本社を置く中堅機械メーカーで、液体自動充填機械の製造などを生業としている。それゆえ、フロンティア清沢が行うレモン栽培の商品化にとって最適な提携相手と言える。

　後者の「練り香水」ではNPOの人的ネットワークを活かし、化粧品会社ケアリング・ジャパンと提携し、同社の製造ラインを借りた委託製造を実施している。この他にフロンティア清沢は地域の拠点「きよさわ里の駅」の設立・運営を行い、地域の伝統食として親しまれてきた「きよさわよもぎ金つば」、猪肉を使ったコロッケなどの製造販売を行うなど、多角的かつ精力的な活動を行っている。

２．伊豆月ヶ瀬梅組合

（1）調査対象の概要

　伊豆市月ヶ瀬地区は、伊豆半島の真ん中に位置する戸数150余りの中山間地域である。この地域にある「月ヶ瀬梅林」は、修善寺梅林とならぶ伊豆の２大梅林の一つである。この梅林を管理しているのが農事組合法人「梅の郷

図7-5　梅びとの郷（外観）
出所：伊豆月ヶ瀬梅組合WEB

図7-6　梅びとの郷（物品販売）
出所：伊豆月ヶ瀬梅組合WEB

図7-7　梅ジャム
出所：伊豆月ヶ瀬梅組合WEB

図7-8　梅シロップ
出所：伊豆月ヶ瀬梅組合WEB

月ヶ瀬梅組合」である。

　地区内にあった農協の支店が撤退した跡地を譲り受け、改修して建てられた梅の加工等を行う「梅びとの郷」は、地域の拠点施設[3]となっており、梅園で採れた梅の実をジャムやシロップ等に加工する加工場を併設している他、体験施設や会議室なども備えている（図7-5〜図7-8）。

(2) 荒廃農地への梅植樹と、イベントおよび商品開発

　月ヶ瀬梅組合は、企業や大学と「一社一村しずおか運動」のパートナーとして協定を結んでいる。特に企業とは、単なる協力者というよりも、一歩進んだビジネスパートナーという位置づけになっている。

　提携先の一つに日本大学短期大学部食物栄養学科がある。梅組合が地域活性化に向けた取り組みの協力者をWEBで募ったところ、同学科が手を挙げたことから始まり、2008年度から地域特産物の開発に向けた共同研究や販売戦略に関する議論が同学科の学生との間で行われている。同学科にとって月ヶ瀬梅林は研究・教育の実践の場となっており、相互利益をもたらす関係になっている。

　他の提携先企業に「しずおかコンシェルジュ株式会社」がある。静岡市内にある広告企業で、月ヶ瀬梅組合から梅製品の商品ラベルや梅まつりのパンフレット作成を請け負っている他、梅加工品や梅まつり等における販売戦略や集客力向上に関するアドバイザーとして、2010年度から月ヶ瀬梅組合の運営活動を支援している。

　月ヶ瀬梅組合の活動は、行政主導ではなく組合員の総意で始まり実施されている点が特徴として指摘できる。それを支えているのは、梅加工品の製造販売や梅まつりをはじめとする様々な取り組みを行い、可能な限り補助金に依存しない自主財源で必要な資金を確保していることにある。一社一村の協定先企業が本業を活かし、その活動を側面から支援している。

３．石部地区棚田保全推進委員会

（１）調査対象の概要

　伊豆半島の西側に位置する静岡県松崎町は、北・東・南の三方を天城山系に囲まれ、西は駿河湾に面した面積85.24km^{2}の自治体である。そのうち、6割強が山林、田畑は6％という松崎町は気候も穏やかで、伊豆西南海岸の産業・交通・観光の拠点となっている。

　そのような松崎町にある石部棚田は、標高120～250mに広がる約4.2haからなる東日本では珍しい石積みの棚田（**図7-9**）で、眼下に駿河湾、晴天時には富士山も望むことができる絶景が名物となっている（**図7-10**）。

　石部地区には1950年代まで約10haの棚田が存在していた。しかし、減反政策や稲作農家の高齢化などの影響により、次第に棚田の荒廃が進んでいっ

図7-9　石積みの棚田　　　　　　　　　図7-10　石部棚田の全景

出所：石部棚田WEB　　　　　　　　　出所：筆者撮影

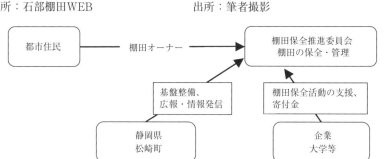

図7-11　石部地区棚田保全推進委員会と各主体の関わり

出所：石部地区棚田保全推進委員会提供資料をもとに筆者作成

た。さらに松崎町から石部地区に通じる道路が完成したことで、増加する海水浴客目当ての民宿開業が相次ぎ、耕作放棄が進んだ結果、90％が放棄されるまでになった。

　このような状況のもと、1998年に棚田復元案が持ち上がり、棚田復元に向けて動き出すこととなった。地域住民を中心に「松崎町石部地区棚田保全推進委員会」が起ち上げられ、地権者から無償で土地の提供を受けた。その後、2000年からボランティア団体「しずおか棚田くらぶ」協力のもとで棚田復田作業が始まり、茅で覆われていた4.2haの棚田を再生した。2002年からは棚田オーナー制度も開始され[4]、外部からボランティアを積極的に受け入れたり、一社一村しずおか運動に参加したり、地域おこし協力隊を導入するなど、様々な展開がされている。

(2) 棚田復田と6次作業化による商品開発

　一社一村しずおか運動の開始当初から参加してきた石部地区棚田保全推進委員会は6企業／団体[5]と協定を締結しており、同運動に参加する農村の中で最多の提携数となっている。それらに共通した特徴は、提携先企業が本業を活かして一社一村運動に参加している点にある。協定締結企業の一つである東海建設コンサルタントは、本業である建設業のノウハウや技術を活かし、石部地区の棚田間の道路整備事業を請け負うと共に、道路整備完了後も棚田保全ボランティア活動に参加している。富士錦酒造株式会社は石部棚田で収穫された古代米（黒米と赤米）を原料とする地酒「百笑一喜」を受託生産している。そして、株式会社平喜が卸売を、松崎小売酒販組合松崎支部が小売を担当している。「百笑一喜」の売り上げ1本につき、製造・卸売・小売の各社が5円ずつ石部地区棚田保全推進委員会に寄付する仕組みも導入されており、一社一村しずおか運動を通した農・民連携が図られ、市場を活用した保全資金の確保にまでつながっている稀有な事例と言える。

　上記以外にも、石部棚田では農作業ボランティアの受け入れも盛んで、一社一村しずおか運動だけでなく、棚田オーナー制度などを通じて多くの団体が参加している。その中で特筆すべきは常葉大学社会環境学部の学生による支援である[6]。年数回にわたって10 〜 50名程度の学生が訪れ、棚田での作業を支援している。特に畔切りや畔塗りなどの重労働では貴重な戦力となっており、石部地区棚田保全推進委員会のメンバーからも頼りにされている。また、石部地区で棚田マルシェを行うなど都市と農村交流の促進にも貢献している。

第3節　農村とNPO等の協働活動の比較分析

　本節では、これまで見てきた協働活動の特徴等をもとに比較する。農村と民間主体との協働活動を比較する際の着眼点として、ここでは協働活動の中

表7-1　農村と民間の協働活動の比較

	タイプ1：農家中心型	タイプ2：Uターン者中心型
中核的存在	その地で先祖代々農業を営んできた農業者（40～60歳代）	企業等で役職経験を有する農村出身の定年退職者
農村側の主体	棚田で稲作を行う農業者（NPO法人、保全会）、地域おこし協力隊	地域住民で設立されたNPO
協働する民間主体	大学（研究室、サークル）、建設会社、WEB制作会社、行政（市・町・県）、棚田オーナー、酒造会社および酒販店	企業（機械メーカー、缶詰会社、化粧品会社、広告・企画会社、旅行会社）、まちづくりコンサルタント
活動契機	荒廃していく棚田への危機感、次世代に良好な自然環境を引き継ぎたいという想い	Uターンした際の故郷の衰退と耕作放棄地の増加
活動の場	かつて放棄された棚田（それを復田した箇所）	中山間地域の耕作放棄地
活動内容	棚田での農作業支援、棚田の維持・保全作業、生き物調査、環境教育、棚田を活用したイベントの手伝い	耕作放棄地への作付け（梅・レモン）、収穫物を用いた各種産品づくり
活動資金	補助事業（助成金）、棚田オーナーの年会費、商品に上乗せされた寄付金収入	補助事業（助成金）、イベント収入、農産物等の物販収入
課題・問題点	活動拠点となる建物の整備とスタッフの人手不足、メンバーの高齢化と後継者育成	鳥獣害被害とその対策、メンバーの高齢化と世代交代、イベント等による更なる集客、周辺地域への活動や取り組み拡大
該当事例	石部棚田保全推進委員会	NPO法人フロンティア清沢 伊豆月ヶ瀬梅組合

心的役割を担っている主体に注目した（**表7-1**）。

　タイプ1は、その地で代々農業を営んできた農業者が団体あるいはNPOを組織して活動しているタイプである。このタイプの特徴として、地域おこし協力隊隊員が参加していたり、大学の研究者・学部・サークルが協力したりしている点が挙げられる。その結果、学生が棚田での農作業で活躍するなど、農業者から大きな戦力と期待され、都農交流にも貢献している。また、一社一村運動の一環で様々な民間企業との協働も見られる。特筆すべきは、棚田で収穫された農産物を原料に使った品を販売する際に棚田保全のための寄付金を上乗せして販売するなど、経済的な仕組みを導入していた点である。

　タイプ2は、Uターンした農村地域出身がNPO等の中心メンバーとなっている「Uターン者中心型」である。ここで注目すべきは、Uターン者の経歴である。就職等を機に生まれた農村地域を離れ、都会での企業勤めの中で管理職を経験した者が、退職を機に故郷へUターンしている点が共通項である。

このような経験を有する者が中核となっている理由として、1）多様な企業・人物等と協議を行い、協働活動全体をマネジメントしていく必要があること、2）企業勤め時代に培った人脈や企業とのパイプが多様な協働活動を可能にするなど、管理職経験が活きているからだと推察される。その証拠に、化粧品会社や広告・企画会社など、他の協働タイプでは見られない協働相手が多い。さらに、地域活性化を図るイベントを仕掛けたり、農産物やその加工品の物販に着手するなど、農村の地域資源を活かした取り組みも見られる。このように、Uターン者中心型の中核となっている人物は、農村地域における新たな活動を興す可能性が高いと言える。

おわりに

　本章では、一社一村しずおか運動に注目し、農村と企業やNPO等との協働活動を通じて荒廃農地化を防ぐ取り組みについて、そのマッチングの方法や現状、実際の連携事例等について見てきた。その結果、次の3点が荒廃農地の防止につながっている要因であると指摘できる。

　農村と民間のマッチングを担う静岡県では、一社一村運動を事業として位置づけていないため、「予算措置なし・数値目標なし」となっている。そのため、過度な負担を伴わず、息の長い取り組みを可能にしている点が一つ目である。二点目は、1）民間企業で管理職経験のある、2）地域に居住する兼業農家または3）都会からUターンしてきた非農家が活動の中心的存在になっている例が多いことである。活動を円滑に推進していくためには、地域内外の人や企業等と良好な関係を築き、一つの目標に向かって人々をまとめるマネジメント力が必要とされることが関係していると考えられる。三点目は、農村と企業等が継続的に連携していくうえで「強制や義務がない緩い繋がり」で「無理せず楽しく」続けている点である。強制的な参加や義務感からの参加では継続的な活動は期待できない。むしろ農村では、活動参加を強制しないことが「地域から除け者にされたくない」という同調を喚起してい

るのではないかという声も調査先から聞くことができた。

　一方で、調査事例に共通した課題も見られる。それは人材育成である。現在は高齢農家が現役で活動しているが、彼らのリタイアも近い。それゆえ、伝統的な文化・風習・農法などを継承していく次代を育成していくことが不可欠となっている。調査事例では、Uターン者や定年退職者などが農村の担い手予備軍となって活動していた。今後は将来を見据え、農業農村で活動する担い手を絶やさぬよう、都市と農村の交流促進や農村への定住・移住者増加につながる施策の実施を更に検討する必要がある。

注
（1）株式会社アストラゼネカやNEXCO中日本などが一例である。
（2）石部地区棚田保全推進委員会や農事組合法人月ヶ瀬梅組合などがその例である。
（3）近隣の商店が廃業等で減少してきたこともあり、地域住民が必要とする物品も併置するようになっている。
（4）3年間で50区画約80aを募集し、50口240人の応募があった。その後、棚田オーナー制度の対象面積は1.7haまで拡大しており、毎年350人程度の応募・参加があるという。オーナー権利は1年更新となっているが、契約更新率は75％と高いのが特徴である。
（5）具体的には、アストラゼネカ株式会社、居酒屋あさ八、居酒屋賤機（しずはた）、富士錦酒造株式会社＆株式会社平喜＆松崎小売酒販組合、株式会社東海建設コンサルタントである。
（6）2015年には松崎町と常葉大学の間で包括連携協定が締結された。

参考文献
石部棚田WEB（http://www.ishibu-tanada.com/）、最終アクセス日：2021年12月5日。
石部地区棚田保全推進委員会提供資料
静岡県WEB「一社一村しずおか運動」（https://www.pref.shizuoka.jp/sangyou/sa-460/issyaisson/ index.html）、最終アクセス日：2021年12月8日。
梅の郷　伊豆月ヶ瀬梅組合WEB（https://www.tsukigase.net/umebito.html）、最終アクセス日：2021年12月13日。
梅の郷　伊豆月ヶ瀬梅組合提供資料
清沢ふるさと交流施設「きよさわ里の駅」WEB（http://www4.tokai.or.jp/

satonoeki/top.html）、最終アクセス日：2021年12月15日。

清沢レモンFacebook「清沢レモン商品情報②『清香のレモンキャンディ』」（https://m.facebook.com/kiyosawalemon/posts/1027241417389059）、最終アクセス日：2021年12月15日。

kiyosawalemon's STORE WEB（https://kiyosawalemon.stores.jp/）、最終アクセス日：2021年12月15日。

静岡県松崎町WEBサイト（http://www.town.matsuzaki.shizuoka.jp/）、最終アクセス日：2021年12月14日。

第2部

海外における限界地農業の支援制度と自然再生

第8章　英国イングランドの新しい農業環境政策（ELM事業）に見る自然再生と農業との両立

和泉 真理

はじめに

　本章では、農地の自然再生に向けた支援を農業政策の中に取り込もうとしている事例として、英国イングランドで検討中の新しい農業環境政策を紹介する。

　英国はEUから離脱し、独自の農業政策を策定することになったが、その中でイングランドは、農業助成の対象を農業の発揮する多面的機能のような公共財、とりわけ「環境保全」に集中させる方針を打ち出した。

　その方針を具体化する事業であるELM事業（環境土地管理事業：Environmental Land Management Scheme）は2028年からの導入が予定されており、現在それに向けたさまざまな試行プロジェクトが行われている。ELM事業においては、環境価値の高い条件不利地域に対する支援や、さらには環境保全のために従来の農法を変換することへの支援が検討されている。後者は、農地の自然再生に近い発想であり、それを公的支援としてどのように打ち出すのかは非常に興味深い点である。イングランドのELM事業の検討状況を、条件不利地域であるダートムーア国立公園の事例とともに紹介する。

第1節　EU離脱後のイングランドの農業政策の方向と全体スケジュール

1．公的資金は公共財へという基本方針

　2020年1月末をもって英国はEU（欧州連合）から離脱した。英国の農業政策はこれまで約50年間、EU加盟国の1つとして、共通農業政策というEU全体の共通の枠組みに沿って実施されてきたが、EUを離脱することで今後は独自の農業政策を策定し展開することになる。

　共通農業政策を通じたEUからの助成金は英国の農場にとり所得の大きな比率を占めており[1]、EU離脱後の農業政策のありようがイングランドの農業の将来に大きな影響を及ぼすことは容易に想像される。生物多様性や景観の保全など農地や農村地域の環境についても、共通農業政策の下での農業環境支払いや、面積当たりの直接支払いの受給条件であるクロス・コンプライアンスに含まれる環境要件や動物福祉に関する要件など、EUの政策の下で進められてきた農業と環境保全との両立のための政策が独自の政策の中でどのように再構築されるかに大きな影響を受けることになる。

　EU離脱後は英国を構成する4カ国（イングランド、ウェールズ、スコットランド、北アイルランド）がそれぞれの農業政策を進めることになるが、その中で英国の主要部を占めるイングランドは、「公的資金は公共財へ」との方針を打ち出した。これは、農業助成の対象を農業の発揮する多面的機能のような公共財、とりわけ「環境保全」に集中させるというものだ。「EU離脱を英国での環境施策の強化の機会と捉え、野生生物・景観・自然を現状維持にとどまらず、むしろ向上させるような政策を導入」し、その中で農業への助成については、水・空気・土壌・生物多様性など農業の提供する公共財に対して行うということだ。

　その方針を端的に示したのが2018年1月に環境食料農村地域省のゴーヴ大臣がオックスフォードの農業に関する会議で行った「次世代に向けた農業」という講演[2]あり、この中でゴーヴ大臣は、現在の共通農業政策について、

「農地面積に応じて土地所有者に支払うというのは、より豊かな人に公的資金を投じることであり、正当性がなく、非効率である。農地価格を上げ、市場を歪め、若い農業者の参入を阻害し、資源利用効率の低い生産方式を温存させている」と批判し、農業政策について次の４点の改革を進めると表明した。

- 農業、他の事業者、消費者、健康や栄養、環境が統合された食料政策を構築する。
- 農業者や土地の管理者には、急激な制度変更ではなく、将来の変革に対応するための時間と手段を提供する。
- 非効率な助成金制度をやめ、公的資金が公共財に支払われるような新しい農業助成手法を構築する。
- 農村地域の真の持続的な未来を構築するために、全ての土地の利用と管理に関して「自然資本」の考え方を導入する。

　EU離脱後のイングランドの農業政策は、上記４点のうち特に３点目の方針に基づき、構築されつつある。

２．2018年１月の「25年間の環境計画」

　イングランドの将来の環境に傾斜した農業政策の土台をなすのが、英国政府が2018年１月に公表した「緑の未来：環境を改善するための25年計画（25年間の環境計画）」である(3)。「25年間の環境計画」は、「次世代に現在よりも良好な環境を引き継ぐ」ことが「優先分野の中軸をなす」との政府の方針を実行するために今後どのように取り組むかを示したものである。計画では、綺麗な空気、綺麗で十分な水、植物や野生生物の繁栄、自然災害リスクの軽減、自然からの資源の持続的で効率的な利用、自然環境の美しさ・価値・関わりの増進などを達成することを目標としている。その上で、様々な政策を実施する際には、その政策が「環境価値を純増させるという原則」を導入するとしている。

　「25年間の環境計画」では、農村の環境保全・増進に関するいくつかの政

策目標も設置されている。前述のゴーヴ大臣のオックスフォードでの講演で言及のあった「公的資金を公共財へ」という原則に基づく新しい土地管理システムの導入はその１つであり、ELM事業の構築に繋がっている。この他、「2030年までに持続的な土壌管理を達成する」、「イングランドの森林面積を2060年までに12％に拡大するよう植林を促進する」というような事項が含まれている。

　その後、英国はG7の中でも最も早い2019年６月に2050年までの温室効果ガスの排出量をゼロにする目標を掲げた。この動きに続いて、2019年12月にはEUが2050年までのゼロエミッションに向けた各分野のロードマップを掲げた欧州グリーン・ディールを公表した。農業に関しては、EUは2020年５月にその具体的戦略としての「Farm to Fork戦略」「生物多様性戦略」を公表している。2021年にはCOP26（国連気候変動枠組条約第26回締約国会議）が英国北部の都市グラスゴーで開催されるなど、EU離脱後の英国とEU双方にとり「環境」は農業に限らず重要なキーワードであると言える。

３．2020年農業法の制定

　英国の農業法は第二次世界大戦直後に制定された1947年農業法（Agriculture Act 1947）以後制定されていなかったが、EUからの離脱により新たな独自の農業政策を遂行するためには、独自の根拠法が必要となった。EU離脱直後の2017年６月に、英国政府はEU離脱後の政策に対応するための新しい農業法と漁業法を制定することを公表した。

　新しい農業法の検討はEU離脱交渉やその過程での政権交代などによる紆余曲折を経た後、2020年11月に2020年農業法（Agriculture Act 2020）として制定された。

　この2020年農業法では、2021年から７年間をかけてこれまでEUの共通農業政策のもとで農地面積に応じて支払われてきた直接支払いを廃止し、新たに「環境」や「動物福祉」などの「公共財」を提供する農業者に支払いを行う新しい事業を導入することが盛り込まれている。この他、緊急時における

政府の農業者への支援や民間備蓄などへの介入、食料供給チェーンにおける透明性の確保と農業者や食品製造行者への公平性の確保、食品の基準・認証の設定、WTO規定との整合などが2020年農業法に含まれる主要事項である（House of Commons Library, 2020）。

　2020年農業法で特に重要なのは、第1章第1項に示されている「大臣の持つ財政支援の権限」の対象であり、担当大臣が財政支援を行うことのできる対象が規定されており、まず以下の10項目の目的に対して財政支援が行えるとしている：

　①環境を保全し増進するような土地や水の管理

　②農村、農地、林地への人々のアクセスとそこで楽しむことを支援し、環境についての理解を高めること

　③文化的遺産や自然的遺産を維持、復旧、増進させるような土地や水の管理

　④気象変動からの影響の緩和のための土地、水、家畜の管理

　⑤環境からの災害を予防し、小さくし、防御すること

　⑥家畜の健康や福祉の保全と増進

　⑦伝統的な家畜種・遺伝資源の保全

　⑧植物の健康の保全と増進

　⑨農業や林業に関わる種・遺伝資源の保全

　⑩土壌の質の保全と向上

　上記の記述に続いて、「以下の目的に対しても財政支援が行える」という1歩引いた表現で、以下の2事項が記載されている。

　①農業、園芸、林業活動の開始、またはその生産性の向上

　②生産者が行う、または生産者のために行う補助的な活動への支援

　このように、新しい農業法は、農業部門の支援における「公的資金は公共財へ」の考えを明確に示したものとなっている。

４．2028年までの全体スケジュールと経過措置

　イングランドの農政は、2021年から段階的に直接支払いの減額を開始した。当初の削減率は受給額が多額であるほど高くなっており、2028年には直接支払いが廃止される予定である（Defra、2020c）。農業環境支払いについては、当面は現行の農業環境支払い事業であるCountryside Stewardship及びEnvironment Stewardshipを継続しつつ、並行してELM事業の検討を進め、2024年からはELM事業が導入されてCountryside Stewardshipに置き換わっていく。さらにELM事業の一部について2024年より前から助成が行われる予定である（**図8-1**）。

　また、同時に政策の変更に農業者等が対応するための移行期間に限定した政策も打ち出している。

　一つは農業者が新しい政策に対応した経営に移行するための支援であり、投資助成、新規就農者への助成、家畜生産者に対する新たな糞尿処理施設の

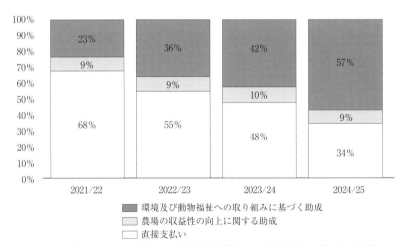

図8-1　イングランドの政策移行期間中の農業助成の構成費の変化

出所：Defra（2020）The Path to Sustainable Farming: An Agricultural Transition Plan 2021 to 2024.

設置への助成、関連する研究や普及事業への助成が想定されている。

　一方で、この大幅な政策変更とそれに必要な農業経営の変換に耐えられない農場があることを想定し、この機に離農する農業者に対しては、直接支払いの廃止までに受け取れる助成額を一括支給する事業も盛り込んでいる（Defra、2020-3）。

第2節　ELM事業の概要と自然再生

1．ELM事業の実施に向けたスケジュール

　ELM事業（環境土地管理事業：Environmental Land Management Scheme）は、この「公的資金は公共財へ」という農業支援の柱となる事業であり、現在その策定作業が進められている。ELM事業の導入は2024年を予定しており、それまでの間に、以下の**図8-2**のような工程で、政府や公的機関のみならず農業者、土地所有者、環境保全団体、研究者など多様な関係者を巻き込んで、イングランドの新しい農業政策の柱となる事業の検討が進められる。

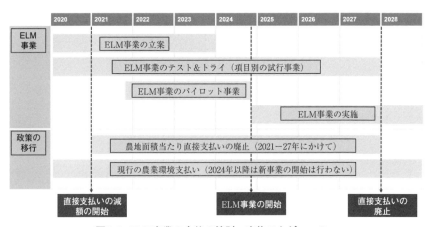

図8-2　ELM事業の今後の検討・実施スケジュール

出所：Defra　（2020）Environmental Land Management, Policy discussion document.

　2020年2月に、イングランド環境食料地域省は現時点でのELM事業についての政府案（Defra, 2020-1）を提示し、広く国民にコメントを求めた。集まったコメントを元に、さらに試行事業やより包括的なパイロット事業を展開しながらELM事業を設計し、2024年から導入する予定である⁽⁴⁾。

　政府案の冒頭部分には、これまでの農業環境政策から学ぶべき事項、として、

・農業者や土地管理者の参加率が高まるような内容や助成水準が必要

・明確な環境目的を設定することが必要

・効果的な助言サービスの提供が必要

・環境の向上と既存の環境に好ましい活動の双方の評価が必要

・事前の条件設定などが細かすぎてはいけない

などの「反省点」も示されており、この新事業への意気込みが感じられる。また、イングランド政府はELM事業の立案の過程でできるだけ多数の関係者、特に農業者の参画を求めていることも特徴的である。

２．ELM事業の概観

　ELM事業は、「環境を保全し食料を生産する」という農業の目的を達成する農業者への支援策として考案され、農村経済を支援するとともに、「25年間の環境計画」の目的を達成し、2050年までにゼロ・エミッションを達成するという公約の達成に寄与することを目的としている。農業者はELM事業を通じて、これまでの農業環境支払いの枠を超えて環境に貢献することが期待されている。

　2020年2月の政府案（Defra, 2020a）ではELM事業は3つの事業で構成されている。その後、それぞれに以下の事業名が付加された（2021年末時点で英国政府案による）。

・**持続的農業導入事業** Sustainable Farming Incentive（SFI）

・**地域自然再生事業** Local Nature Recovery（LNR）

・**広域自然資源再生事業** Landscape Recovery（LR）

2020年2月の政府案に示された各事業のコンセプトは以下のようになっている。

持続的農業導入事業 Sustainable Farming Incentive（SFI）

全ての農業者が参画できるような、全国一律で取り組みの容易なメニューで構成される。「農地に緩衝帯を設置して野生の花の種を撒く」「カバークロップを植える」などのメニューが想定されている。この事業は、環境上持続的な農業・林業が幅広く取り組まれることを目指している。

地域自然再生事業 Local Nature Recovery（LNR）

土地の管理者（農業者や土地所有者など）を対象に、地域毎に設定した環境目的の達成に対する支援を行う。新たな生物生息地の創設、外来生物の制御、遊歩道などレクリエーション設備の設置などが想定されるメニューである。地域の優先度の高い環境目的を達成するための適切な取組が求められることになる。取組の成果に基づく支払い（結果に基づく支払い）を利用する可能性もある。複数の土地管理者の連携した取組が求められることも想定されている。

広域自然再生事業 Landscape Recovery（LR）

広域の土地利用の変更を伴うような事業を対象としている。広域の農地の

写真1、2　イングランド中東部における自然再生事業
　イングランド中東部のピート層の農地での耕種農業を、粗放的な畜産に転換し、一部は湿原に戻すプロジェクトは、すでに環境保全団体などにより進められている。
出所：https://www.totoro.or.jp/intro/national_trust/index.html

森林への転用事業、ピート層での耕種農業を廃止しピートを再生する事業などが想定されている。

　このELM事業の３事業構造については、持続的農業導入事業（SFI）は全ての農業者が参加できることを意図しており、見方によっては、これまでEUの共通農業政策下において主要な助成策であった農地面積支払いの代替策に相当するとも考えられる。なお、農地面積支払いの受給条件であったクロスコンプライアンスに盛り込まれていた環境上の規制（水質保全、土壌保全、生垣・石垣の維持・保全など）がどのようになるのかは不明である。政府が環境をより重視する方向にある中で、これらの規制の効果をどのような形で存続させるかは今後のELM事業の具体化の中で見ていくことになるだろう。

　SFIの助成対象が「農業者」であるのに対し、他の２事業である地域自然再生事業（LNR）、広域自然再生事業（LR）の助成対象が「土地管理者」となっているのも興味深い。広域自然再生事業（LR）で示されている事業例において顕著なように、農地を農業用から外すことも含めての土地管理政策としてのELM事業であることがうかがえる。

　このようにELM事業は、農業支援策的な部分と、農業に囚われない環境保全的な土地管理支援策とが合体したものとなっていると言えよう。

３．農地のRewilding（自然再生）とELM事業

（1）英国におけるRewilding（自然再生）の動き

　このような粗放的管理の先にあって、英国を含むヨーロッパで急速に関心を集めているのが、生産性の低い農地を自然に戻す自然再生（Rewilding）である（Jepson, 2016）。生産性の低い農地を自然に戻すことで環境と経営の改善を図ることは、イングランドのEU離脱後の農業政策の方針である「公的資金は公共財へ」に沿った取組であるとみなされており、実際の取組事例も増加しつつある[5]。Rewildingに関する英国最大のチャリティー団体であるRewilding Britainは、Rewildingについて５つの原則を設定している。

　　1　「人」と「自然」を共に支援する

　　2　「自然」に（進行を）リードさせる

　　3　持続的な地域経済を構築する

　　4　「自然」の求める規模で活動を行う

　　5　長期的なメリットを確保する

　Rewilding Britainは、英国の少なくとも５％が自然再生され、25％が自然と共生的な土地利用に戻ることを活動の目標としている。

　英国におけるRewildingの代表的事例の１つが、2001年から農地のRewildingに取り組んできたKnepp Estateである。ロンドンから南に約１時間の場所にある貴族の所有する農場であるKnepp Estateは1,400haの敷地を有するが、約20年前にそこで酪農を主体にした経営を行っていたのを辞め、950haの農地を野生に戻し、わずかに牛、ポニー、豚、鹿などの家畜を放牧している。20年を経て、野生化された土地は希少生物が住み着き増加するなど環境価値を著しく高めている。またイングランドの平地では見慣れぬ野生の植物が広がる空間が人々を惹きつけており、それを活用した観光ビジネスや農場内の建物の賃貸事業など新たな事業の展開を成功させている。

写真3-3　Rewildingの先進事例である
**　　　　Knepp Estate**
　元は草地だったが野生に戻し、牛や豚が放たれている。
出所：https://www.totoro.or.jp/intro/
　　　national_trust/index.html

　Rewildingについては、農業者は何代にもわたり引き継いできた生活の術を失い、「我々は要らない」と言われているように感じており、不安・恐怖心をもたらしている。一方、再生可能エネルギーや水資源などに関わる企業は、現在は広大な所有地を小作農業者に管理してもらっているが、それをしなくても収入が入る手法として、この取組への関心を高めているそうだ。特に生産性の低い丘陵地域の農業

において、限界地となっている土地を部分的に生産から撤退することは、必然となる場合が増えることが想定され、その時に農業と環境のバランスをとった経営の継続を可能とするためにも、新しい支援策であるELM事業の内容が重要となってくるであろう。

(2) Rewilding（自然再生）とELM事業

　イングランドのELM事業を構成する３事業のうち、持続的農業導入事業（SFI）と地域自然再生事業（LNR）はそれぞれEU離脱前の直接支払いや農業環境支払いを引き継いだものとも見なすことができるが、広域の土地利用の変更を伴うような事業である広域自然再生事業（LR）については新しいコンセプトであり、広域の植林事業やピート土壌や海岸沿いの湿原の再構築などが含まれると想定されている所からも自然再生の考え方に近い事業だとみなすことができる。

　ただし、現在のELM事業案にはRewildingという用語は用いられていない。ELM事業の中の広域自然再生事業（LR）が例えばRewilding Britainが提唱するRewildingの概念とどのように整合しているのかは、今後のパイロット事業や実際のELM事業の実施を見ていくことになる。広域自然再生事業（LR）のパイロット事業は2022年から10箇所程度で行われる予定となっている。

第3節　ELM事業の検討プロセス：テスト＆トライの実際

　ELM事業を作り上げる過程で、事業に含まれる可能性のある具体的要素を検討するために、2018年からテスト＆トライという試行プロジェクトが行われてきた。このプロジェクトは多様な実施主体が異なる地域でさまざまなテーマについて行っており、現在も継続されたり、新しいプロジェクトが追加されたりしている。本節では、条件不利地域であるダートムーア国立公園におけるテスト＆トライの事例を紹介する。2021年からはこれらの要素を1

つにまとめた事業として試行するパイロット事業が始まるが、テスト＆トライはその間も継続されるし、ELM事業が開始されてからも事業の改善のために行われる予定である。

１．テスト＆トライの位置づけと概要

　テスト＆トライは、ELM事業に含まれる可能性のある個別の具体的要素を検討するための試行プロジェクトで、2018年から行われている。テスト＆トライで追求されているテーマは大別して６課題ある。

- ELM事業の申請において必要となる農場などの土地管理計画にはどのような項目が含まれ、計画はどの程度の期間を対象に作成し、計画を作る土地管理者や農業者に対してどのような情報や支援を提供したら良いのか。
- 土地管理者や農業者が計画を実施するためには外部からの助言はどのような役割を果たし、どのような内容が求められるのか。
- 助成の採択基準となる地域別の環境保全に関わる優先事項をどのように決めるのか。
- 環境に対して効果的な関係者・組織の連携のメカニズムとは何か。
- 環境への効果をどのように評価するのか。そのやり方は現実に適用可能なものか。複数のやり方を試行することで検討する。
- あらかじめ定められたメニューをこなすのではなく、創造的な手法をもたらすような事業の実施のためにどのような仕組みがあるか。例えば結果に基づく支払いやリバースオークションなど。このような仕組みを広く普及させるための手法や状況とはどのようなものか。

　多様な実施主体がイングランドの様々な地域で、この６課題の中のいくつかについて地域の実情に沿ったテーマを設定し、試行・検討している。プロジェクトの数は、2018年９月末までの第１フェーズで100の提案から44プロジェクトが採択され、さらに2019年４月までの第２フェーズでは200の提案から25プロジェクトが採択された。2020年12月時点で68プロジェクトが進行

中であり、5プロジェクトは完了している⁽⁶⁾。イングランドの環境食料地域省（Defra）のELM事業検討チームは、それぞれのプロジェクトに対し助言を行い、その成果を収集するとともに、個別のプロジェクトの担当者を課題ごとに集め情報交換をする機会を提供している。

　2020年2月に示されたELM事業の政府案（Defra, 2020a）には、テスト＆トライ事業の先行事例がいくつか紹介されている。

プロジェクト例1：農業者や土地所有者の事業への協力の動機をどう理解するか

　環境保全団体であるWildlife Trustはイングランド南部のケント州・サセックス州で農業者と協力して、農業者や土地所有者が広域の景観を変化させるような取組に参加するにはどのような動機があるのかについて探るプロジェクトを実施している。具体的には、この2州の農業者にグループを作ってもらい、特定のプロジェクトの達成のために農業者主導での話し合いやワークショップ、現地視察などを実施してもらっている。

プロジェクト例2：結果に基づく支払い⁽⁷⁾の試行

　結果に基づく支払いの試行プロジェクトは、すでに4年にわたり行われており、2018年からは政府機関とヨークシャーデール国立公園事務局により、牧草地と畑地の2カ所を使い30人以上の農業者の参加を得て実施されている。これまでの所、結果に基づく支払いは、農業環境政策の効果を向上させることが期待できるとの成果を得ている。この手法を国全体に拡大できるかを今後検討していく必要がある。

　テスト＆トライの特徴は、政府や公的機関のみならず農業者、土地所有者、環境保全団体、研究者など多様な関係者が協力し、試行し評価し修正するこ

とを繰り返すプロセスを重ねていくというその手法である。実際に、プロジェクトの実施主体は、国立公園事務局などの公的機関、環境保全団体などの民間団体、個別の農場などとても多様である（Defra, 2020b）。その過程でできるだけ多くの農業者にこの立案過程に関与してもらい、農業者の意見を集めようとしている。さらに、個別の検討の内容は地域レベル、国レベルで公表され、それに対するコメントや新しい提案が加わることで、実効性の高い事業を作ろうとしている。

２．ダートムーア国立公園でのテスト＆トライ事業の実際

　このテスト＆トライ事業の実際を、イングランド南西部の条件不利地域であるダートムーア国立公園[8]でのテスト＆トライ事業の例から見てみた。

　ダートムーア国立公園は、イングランド南西部デヴォン州にあり、面積は954km²、南北・東西とも約35kmの広がりを持つ。その広々とした地形や景観から国立公園に指定されているが、丘陵地という条件不利地域でのコモンズ（放牧などのために複数の農業者が共同利用する権利が付されている土地）を利用した畜産を主体とする農業が営まれている。国立公園という環境価値の高い地域での農業、条件不利地域での農業、コモンズの利用という特徴ある農業を維持・発展させるために国立公園管理事務局が事務局となって2003年からダートムーア丘陵地農業プロジェクトに取り組んでおり、そのような活動を土台としてテスト＆トライの事業に応募した。ダートムーアによるテスト＆トライの事業提案は採択され、2020年１月から2021年11月という約２年間をかけて次の４つの課題に取り組むことになった。

- コモンズでの農業でも有用な土地管理計画をどのように作るか。
- 結果に基づく支払いが自作地とコモンズの両方で機能する仕組みとはどのようなものか。
- ELM事業の中に地域レベルでの民間環境ビジネスを盛り込む可能性はあるのか。
- ELM事業の推進や実施において国立公園管理事務局はどのような役割

第8章　英国イングランドの新しい農業環境政策(ELM事業)に見る自然再生と農業との両立を果たすのか。

　ダートムーアのテスト＆トライを実施する組織は事業管理委員会とアドバイザリーチームである。前者はダートムーア国立公園管理事務局、コモンズの利用者によるダートムーア・コモンズ協議会、ダートムーアの大地主であるチャールズ皇太子家所有地の管理者、農村の環境保全を所管する公的機関であるナチュラル・イングランド、個人の学識経験者で構成される。後者は地域内の農業関係者のボランティアで構成され、12人で構成されている。アドバイザリーチームに実際のプロジェクトの内容や成果の方向づけを行う役割が与えられている。これら組織の事務局は国立公園管理事務局が担当する。

　ダートムーアでのテスト＆トライの活動は、2020年３月に、地域内の農業者に向けた農業環境支払い事業などへの取り組みや考えについてのアンケート調査の実施と、アドバイザリーチームに参加する農業者の募集を行うことから始まった。

　英国でのコロナウィルス感染拡大によるロックダウンなどにより、検討のための意見交換はこれまでほとんどオンラインで行われてきたが、それぞれのテーマについての検討は着実に進んでいる。４つのテーマごとに検討が行われ、毎回その詳細な議事録が国立公園管理事務局の担当者によって作成されオンラインで公表されている。

　2020年末での４つの課題に関しての検討状況は次のようになっている。

- コモンズでの農業でも有用な土地管理計画については、アドバイザリーチームでは色々な取り組みを点数化するスコアカードシステムが良いのではないかという方向で議論が進んでいる。同時に農業者に地図を提供することや助言の必要性についても議論されている。Organic Research Centreという環境保全団体が現在スコアカードの試作品を作成中である、それができれば実際に使ってみてさらに議論を深めることにしており、土地管理計画を使ってみる農業者を募集中である。

- 結果に基づく支払いについても、上記のスコアカードを使って進めることにしている。これまでアイルランドでの結果に基づく支払いの事業を

　行ってきた専門家の支援を受けつつ、2021年の夏には結果に基づく支払いの試行を行う予定である。

● 環境ビジネスについては、生物多様性とカーボン・クレジット取引が、ELM事業と連携したビジネスとして最も有効だとの意見が強くなってきており、その具体化の方法について検討中である。

● 国立公園管理事務局の役割に関連しては、国立公園管理事務局は地域ごとの優先事項の設定に「自然資本」の考え方を用いることについてのレポートを7月にまとめた。2021年にはさらにいくつかの報告が出される予定である。

　ダートムーアのテスト・アンド・トライの事業関係者は、同時に、ELM事業が開始された際に、それを管理するための組織の有り様についても検討を進めている。投票権のあるメンバー（農業者、コモンズの利用者、土地所有者、国立公園管理事務局、ナチュラル・イングランドなどを想定）と投票権の無い専門家や研究者、自治体（自治体は投票権を持つ方に入るかもしれない）などを組み合わせ、ダートムーアでのELM事業を改善しながら円滑に定着させられるような組織をどう作るかが議論されている。

　具体的な議論・試行は主にアドバイザリーチームが行い、必要に応じて政府機関や民間の専門家からの助言・助力を得る。事業管理委員会は全体の進行管理・予算管理をしつつ、検討されている内容を、他の地域のプロジェクトの結果やイングランド政府の動きとも突合しながらまとめる役割を担っている。また、このような既定の組織での検討に加え、例えば地域内の若手農業者だけを対象とした意見交換会も複数回設定されていた。議事録を読むと、誰もがこの機会を捉えて自らの手でダートムーア地域にとって理想的な事業を創設していこうという姿勢が伝わってくる。環境とそれと共存してきた農業のあり方は地域によって農業者によって異なり、また1980年代からの様々な農業環境政策での経験を経て、農業者も関係者にもノウハウの蓄積があるとの自負がある。これまでEUや英国一律のメニューで行われてきた農業環境政策を、自分達の手で作ろうということなのだ。

　Defraは2020年11月にFuture Farming Blogというブログページを立ち上げた。これはDefra側からELM事業の検討状況について情報提供を行うものだが、主たる目的はこれを通じて農業者の反応を直接集めることである。Defraによれば全国のテスト＆トライプロジェクトには3,000人の農業者が参画しているが、これだけではなくELM事業に関わる誰もが関心を持ち参画する形で政策を「ともに立案」することを目指している。

おわりに

　ELM事業のうち３事業のうちSustainable Farming Incentive（SFI）のパイロット事業が2021年に申請を受け付け、2020年から開始されることになっている。テスト＆トライが事業のELM事業を構築するための個々のパーツを試すプロセスとすれば、パイロット事業は事業全体を走らせてみてうまく機能するかを試すプロセスと言える。残りの２事業であるLocal Nature Recovery（LNR）、Landscape Recovery（LR）については、2022年からパイロット事業を開始する予定である。

　ELM事業自体は2024年から開始予定であるが、テスト＆トライはその後も続ける予定であるし、パイロット事業についても要すれば事業開始後も継続する考えのようだ。

　イングランド農業の今後の柱となる事業を作るにあたり、このように時間をかけ、さまざまな試行プロジェクトを行い、そこに民間機関や農業者など多数の人々が参加している過程の入念さは驚くばかりだ。同時に事業構築のプロセスに時間をかけ多くの参加者を呼び込むことで、今後ELM事業実施に必要な人材育成も図っている点もしたたかである。

　イングランドは「公的資金を公共財へ」という方針のもとで農業政策を環境に傾斜させることにより、これまで高い環境価値を生み出してきたが農業助成策の恩恵が薄かった条件不利地域などに対し、より多くの助成を得る可能性やRewildingも含めた土地活用の新たな選択肢を提供しうるようになる

と言えるのではないか。一方、EUの直接支払いの受給要件であるクロスコンプライアンスという様々な環境要件に縛られていたイングランドの生産性の高い平野部の農業者は、今後はより農業生産性を追求する経営に転じるかもしれない。共通農業政策に代わりELM事業が導入されることで、イングランドの農業と環境保全とのバランスが地域別にあるいは国全体としてどう変化するのか、今後注目すべき点であろう。

注

(1)House of Commons Library（2020a）によれば2018年時点で英国の農場所得の71％を共通農業政策からの補助金が占めている。

(2)UK.GOV（2018）Speech: Farming for the next generation.

(3)HM Government（2018）A Green Future: Our 25 Year Plan to Improve the Environment（25 Year Environment Plan）.

(4)https://consult.defra.gov.uk/elm/elmpolicyconsultation/（2020年8月17日時点）

(5)英国のRewildingについてのチャリティー団体である"Rewilding Britain"のサイトでは、多くの取組事例が紹介されている。

(6)Defraのブログより：https://defrafarming.blog.gov.uk/2020/12/08/working-with-farmers- to-design-the-future-of-environmental-land-management/

(7)「結果に基づく環境支払い」については、和泉真理（2017）『結果に基づく農業環境支払い』「農業・農村・環境シリーズ第43回」（（一社）日本協同組合連携機構サイト上）を参照されたい。

(8)ダートムーア国立公園における農業の実際については、本書第10章を参照されたい。

参考文献

Defra（2020a）Environmental Land Management, Policy discussion document.

Defra（2020b）Environmental Land Management tests and trials Quarterly evidence report.

Defra（2020c）The Path to Sustainable Farming: An Agricultural Transition Plan 2021 to 2024.

House of Commons Library（2020）The Agriculture Act 2020 Briefing Paper CBP 8702.

Jepson（2016）Making Space for Rewilding: Creating an enabling policy environment.

第9章　英国の新たな農業政策による構造変革
―集約化と粗放化の二極化―

野村 久子

はじめに

　日本の荒廃農地は農家の高齢化や担い手不足によって自然増を続けてきている。荒廃農地を再生するための作業や土づくり、必要な設備や施設の整備といった取り組みを支援するための「耕作放棄地再生利用緊急対策交付金」といった助成金はあるものの、荒廃農地化に歯止めがかかるまでに至っていない。日本の場合、農地の粗放化は第二次自然の生態系維持といった配慮がされないため周囲の農地に病害虫などのマイナス影響を与えたり、害獣被害の増加などを引き起こす可能性がある。そのため農地を自然に戻すことは荒廃化と受け止められる。一方、英国は、1980年代の早い段階から農地の自然再生化も助成金の対象とすることで、農地における生態系を保ち、農地の第二次自然的環境を維持してきた。そこで本章では、英国の事例を参考に農業環境制度の一環として行われてきた農地の粗放化支援が土地利用にどのような影響を与えてきたか、また、前章で見た現在パイロット事業として準備されているELM制度が与える土地利用の構造改変の可能性などを見ていく。結論として、緩やかに第二次自然的粗放化を推進きた農業環境支払制度は、日本の農地の荒廃対策に参考となるのではないかと考える。一方で、ELM制度はより環境保全に傾倒した農業環境支払いとなっており集約化と粗放化の二極化を引き起こす可能性がある。現在起きている英国の政策改変から見

えてきた土地利用のあり方について政策含意として述べることにする。

　英国は自給率が60％で、利用されている農地面積は1,730万ヘクタールであり、これは国土面積のおよそ71％である。2020年時点の国内総生産に占める農業セクターの割合は0.49％、そして雇用割合は1.44％と2019年とそれほど変化はなかった。しかし、2020年 1 月のEU離脱後、EUの共通農業政策下で農地面積あたりに支払われてきた単一支払いに相当する支払いが廃止になることが決まっており、既に新たな英国の農業政策によって農業セクターに構造変遷が起きている可能性がある。

　前章で触れた通り、英国は、構成する 4 カ国（イングランド、ウェールズ、スコットランド、北アイルランド）がそれぞれの農業政策を策定する仕組みとなっており、農地面積あたりの直接支払いの見直し方針もそれぞれ少しずつ異なっている（HM Government, 2018a）。例えば、イングランドでは、単一支払いは基礎支払い制度（Basic Payment Scheme: BPS）として継続して支払われており、2027年までに段階的に削減する代わりに、「公的資金は公共財へ」との方針のもと、農業環境支払いが拡充される政策が打ち出されている（HM Government, 2018b）。一方で、ウェールズ、スコットランド、北アイルランドでは、基礎支払い制度を継続していく方向で検討がされている（Hart and Maréchal, 2018）。そうなると、ウェールズ、スコットランド、北アイルランドでは農業セクター構造はあまり変化がないと思われる一方、イングランドにおける土地利用や雇用といった農業セクター構造は、今後急激に変化していく可能性がある。

　今後、イングランドの土地利用はどのように変わって行くのだろうか。また、農業生産を行いながら農業の持つ多面的機能あるいは環境サービスを生み出すという取り組みへの支払いに農業助成のウェイトが増す中、農業の粗放化や自然再生化は進むのだろうか。日本でも荒廃農地面積が増えるなかで、単純に農地をいつでも使えるようにしておくために支払われるだけでは荒廃農地の問題は解決せず、土地利用のあり方が見直されている。その際、英国の農業助成の転換による構造変革は、日本の農業助成のあり方を考える上で

示唆するものがあると考える。そこで本章では、英国の政策の中でも、特に
イングランドの農業土地利用と現在の農業経営状況について農業統計（主に
イングランド農業構造統計データと農業経営調査データ）を用いて分析し、
英国の新たな農業政策による構造変革がどのように進んでいるのか議論して
いく。

第1節　イングランドの土地利用─荒廃農地は増えているのか

1．イングランドの農地面積の内訳

　イングランドの国土面積は1,304万ヘクタールで、うち、農地として登録
されているイングランドの総農地（共有粗放牧地域含）面積は、2021年時点
で937.4万ヘクタールである。これは、イングランド国土面積のおよそ72%に
あたる。農地の内訳を見ると、耕作可能な土地は、486.4万ヘクタールであり、
全体の農地面積の52%となる。しかし、この耕作可能な土地の中でも、実際
の作付面積は387.6万ヘクタールとなっており、全体の農地の41%となる。そ
して、農業環境支払い制度により、休耕あるいは一時的な草地の取り組みを
している面積が、それぞれ23.1万ヘクタール（2%）と75.6万ヘクタール（8
%）存在する（**表9-1**）。したがって、耕作可能な農地のうち、農業環境支払
いで支払われることで粗放化されている土地がおよそ10%存在するといえる。

表9-1　イングランドの土地利用内訳

		千ヘクタール	内訳
国の面積		13,043	
農地面積		9,374	1
	耕作可能な土地	4,864	0.52
	作付面積	3,876	(0.41)
	休耕面積	231	(0.02)
	一時的な草地	756	(0.08)
	永久草地	3,558	0.38
	共有地	399	0.04
	その他利用の土地	554	0.06
	森林	382	(0.04)
	屋外の豚に使用される土地	12	(0.00)
	非農地利用	160	(0.02)

休耕地は、日本の休耕田と同じ扱いであり、当初の目的は生産調整であったが、近年は環境サービスを生み出す名目で支払いが行われてきた。現在は、土地所有者が土地管理を行うことによって支払われる農業環境支払い（直接支払い）の対象となっている。例えば、一時的に草地となっている農地の環境支払いの取り組みも、農地に農薬を使わずに鳥の好む草の種を播き、農地における生物多様性を向上することに対して支払われている。よって、これらの土地は、一時的に草地にしているだけで、いつでも耕作ができるように管理しているということになる。

　また、永久草地は、355.8万ヘクタールあり、これは農地面積の38%を占める。そして、共有地、すなわちコモンズ（コミュニティで管理する土地で馬など放牧している）も農地面積に含まれており、39.9万ヘクタールであ。この数値はこの40年ほとんど変わっていない。これもコミュニティに管理されており、容易に荒廃する土地とは言えない。これらの永久草地や共有地もまた、部分的に農業環境支払いによって管理をすることにより支援が行われている。

　最後に、その他利用の土地として、土地の森林化・非農地利用面積があり、それぞれに38.2万ヘクタールと16万ヘクタールである。日本の荒廃面積を比較すると、この40年で20万ヘクタールほど森林化が進んでいる。そして、森林化によっても環境サービスの向上につながることから農業環境支払いによって管理する支援が行われている。

２．作付面積、農業環境支援対象面積、その他の利用目的面積の割合

　次に、これらの農地の内訳を、作付面積、農業環境支援対象面積、その他の利用目的面積と分けて、1983年から2021年までの変化を見ていく（図9-1）。灰色で示した部分が実際の作付面積の推移、白で示した部分が農業環境支払い対象面積となっている。もちろん、厳密には、作付けされた場所も条件を満たしていれば農業環境支払い対象面積となるのであるが、ここではあえて、農業環境支払い対象面積から実際の作付面積を外して、別々に表

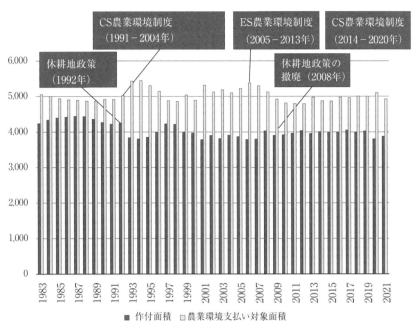

図 9-1　作付け面積と農業環境支払い対象面積

示している。**図9-1**から、イングランドの作付面積は、共通農業政策下の生
産政策と農業環境制度で変化してきたことがわかる。まず、最初の農業環境
制度が始まった1991年の次年度には、休耕地政策が始まった。そして、1992
年に行われたCAPの大規模な見直し（マックシャーリー改革）では、過剰
生産に対処し、3年間のうちに穀物農家への補助金を35%削減することが合
意された。それに伴い、農家の収入減を補うために、休耕作地支払い制度が
導入された（Swinbank, 2009）。そのため、1992年に作付面積が減少に転じ
ている。この制度では、穀物、亜麻仁、油糧種子、エンドウ豆、豆類、ルピ
ナスなどのタンパク質作物の栽培面積に応じて、支援金を請求することがで
きる代わりに、小規模農家を除いて、耕作地の一部を休耕したのである。こ
の休耕作地支払い制度は、生産を停止し、直接的かつ迅速に生産量を削減す
ると同時に、環境面でも大きなメリットをもたらす政策として少しずつ認め

られていった。この制度は、2008年まで続いていたが、欧州委員会は、近年のバイオ燃料ブームと穀物需要の増加を受けて、2008年の収穫期には耕作地支払い制度を停止することを決定した（Jung et al., 2010）。その結果、多くの放牧地がトウモロコシや菜種に変わってしまい、少なからぬの農地性鳥類の生息地がさらに減少していると批判を受けた（BirdLife Data Zone, 2008）。その一方で、「持続的な食と農の促進」を推奨するLEAF（Linking Environment and Farming）といった農業環境保護団体は、農地を生産地とし、農業環境制度の下でよりよく「管理」することでは、放置される農地よりも、環境サービスの向上につながるという見解を表明するなど、賛否両論の意見があり、評価が分かれた。また、2005年から始まった農業環境制度（Environmental Stewardship: ES）制度は農業環境支払い対象面積を増加させた。環境への実質的な取り組みで、補助金を得られる取り組み（作業オプション）は、2009年のES制度の見直しで削除された。結果、農業環境支払い対象面積は減少したが、作付け面積は微増で推移したことがわかる。

３．その他利用の土地

　次にその他利用の土地について触れていきたい。これは、耕作可能な土地や永久草地、そして共有地以外の土地という意味で使われている。その他利用の農地面積は55万ヘクタールあり、総農地面積の６％にあたる（**表9-1**）。その他の目的で利用されている農地面積は、どのように利用されているのだろうか。その内訳としては、森林、屋外の豚に利用される土地[1]、そして非農地となる。屋外の豚に利用される土地、そして非農地は、それぞれほとんど安定している一方で、森林は、1980年代に比べ20万ヘクタール増加している（**図9-2**）。

　しかし、森林化を問題視することはあまりなさそうだ。2019年に聞き取りを行なった際に、耕作放棄される土地があるかと聞いたところ、イングランドの場合、農家は農地を広げたいと考えているため、農地として利用されている土地から耕作放棄地はあまり出ないのだというコメントが返ってきた。

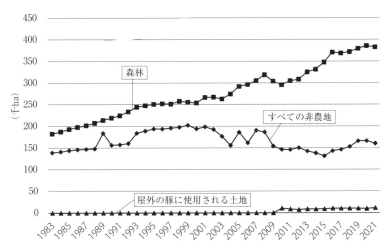

図9-2 イングランド総農地に占める農産物生産目的以外に利用されている農地内訳

そして、森林についても、イングランドは、森林が少ないため、農地の自然再生化によって、農地に多少森林が広がっても良いという見解であった。実際、ELMでは農地の森林化も取り組みオプションとして推奨される予定であることからもわかるように英国にとってある程度の森林化は問題ではないことが伺える。

第2節　イングランドの主要農産物別の農業所得の特徴

1．イングランドの主要農産物別の農業所得

イングランドの自給率が高く維持されていることや、農文化とも言える放牧は、EUの制度である単一支払いや農業環境支払いで維持されていると言っても過言ではない。英国は、2020年2月1日にEUから離脱した。EU離脱は、英国の自給率や農文化景観にどのような影響を与えるのか農業所得から見ていく。**表9-2**は、コストを引いた後の平均農家所得の内訳を示している。内訳は、生産農業所得、農業環境支払い、多角化経営、そしてBPSからの収入となる。イングランドの主要農産物別の農業所得の特徴として、まず、第

表 9-2　イングランドの主要農産物別の農業所得（2020 年）

	穀物	作物一般	酪農	低地放牧	中山間放牧	豚	養鶏	複合農業	施設園芸
生産農業	2,700	1,900	53,300	-6,900	-6,600	25,900	26,800	-15,900	4,900
所得	4%	3%	58%	-38%	-20%	54%	34%	-40%	54%
農業環境	5,400	4,700	5,400	3,700	10,400	2,200	2,200	6,600	5,300
支払い	8%	7%	6%	20%	31%	5%	3%	16%	2%
多角化	21,900	18,200	3,700	6,500	2,900	8,300	34,800	18,000	13,400
経営	31%	27%	4%	35%	9%	17%	45%	45%	37%
直接支払い	41,800	42,100	30,000	15,100	26,700	11,600	13,900	31,400	28,400
（BPS）	58%	63%	32%	82%	80%	24%	18%	78%	7%
農業	71,700	66,900	92,500	18,400	33,400	48,000	77,700	40,200	52,900
総所得	100%	100%	100%	100%	100%	100%	100%	100%	100%
農業総所得	29,900	24,800	62,500	3,300	6,700	36,400	63,800	8,800	49,000
（BPS なし）	42%	37%	68%	18%	20%	76%	82%	22%	93%

　1 に目が行くのは、複合農業や低地放牧、そして中山間放牧は、農産物の生産農業所得がマイナスとなっていることである。特に、複合農業の生産農業所得のマイナスは、15.9千ポンド（日本円換算およそ244万円）と大きい。また、低地放牧と中山間放牧は、それぞれ6.9千ポンド（日本円換算およそ106万円）、6.6千ポンド（日本円換算およそ101万円）の損失が生じている。

　第2に、BPSのシェアが大きいことである。所得に占めるBPS割合が50%以上で、依存度の高い順番から、低地放牧（82%）、条件不利地域放牧（80%）、複合農業（78%）、作物一般（62%）、穀物（58%）となっている。EUの共通農業政策では、フランスの意向が強く反映され穀物に対する支払いが伝統的に大きいものとなっていたことから、穀物農家は基礎支払いへの慢性的な依存が生まれているが、英国の場合は低地放牧の割合が一番高い。一方で、施設園芸の基礎支払い割合は、平均７%と低い。

　第3に、農業環境支払いからの収入ウェイトが高い農業部門は、条件不利地域放牧が31%と大きく、次いで、低地放牧の20%、複合農業の16%となっている。豚や、養鶏、そして施設園芸農家は、家屋や施設内の生産となり、農業環境支払いの割合は５%以下と限定的である。

　このうち、BPSは現在段階的に削減されており、農家に支払われる直接支

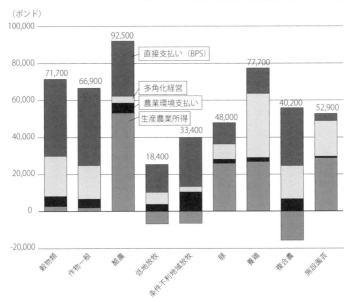

図 9-3　2019/2020 ベースの農業総所得内訳（数値は平均実質所得）

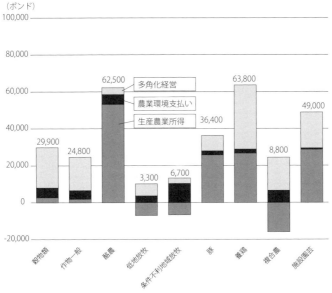

図 9-4　2019/2020 ベースBPSなし農業総所得内訳（数値は平均実質所得）

払いは、2027年までに完全にELMのみに移行する予定となっている。

　そこで、**図9-3**は、2019/2020ベースの所得内訳、そして**図9-4**は、2019/2020ベースの所得から直接支払いがゼロとなった場合の所得内訳を示した。2019/2020ベースの所得から直接支払いがゼロとなった場合の所得内訳の平均は、穀物29.9千ポンド（日本円換算およそ459万円）、作物一般24.8千ポンド（日本円換算およそ380万円）、酪農62.5千ポンド（日本円換算およそ959万円円）、低地放牧3.3千ポンド（日本円換算およそ50.6万円円）、条件不利地域放牧6.7千ポンド（日本円換算およそ100万円）、豚36.4千ポンド（日本円換算およそ560万円）、養鶏63.8千ポンド（日本円換算およそ980万円）、複合農8.8千ポンド（日本円換算およそ130万円）、施設園芸49千ポンド（日本円換算およそ740万円）と農産物間で大幅に異なる。これは、2019/2020所得のそれぞれ、穀物（42%）、作物一般（37%）、酪農（68%）低地放牧（18%）、条件不利地域放牧（18%）、豚（76%）、養鶏（82%）、複合農（22%）、施設園芸（93%）となる。所得が現状の18%まで減額した場合、低地放牧と条件不利地域放牧は、経営維持が困難となることが予想される。

　今後、農家が経営を続けていくにあたり、いくつかの方向性が考えられる。1つは、新農業環境制度のELMに積極的に関わること。これまでも農業の副産物としての環境保全効果が高いとされてきた条件不利地域の中山間放牧は、農家がさらに農業環境支払いの取り組みを行うことで補塡が可能となる。2つ目は、投入コストを見直し、収入と投入コストのバランスを立て直すこと。特に、複合農業を行なっている農家は、平均15.9千ポンド（日本円でおよそ244万円）もの損失を出しており、多角化経営や農業環境支払いを充実化させる前に生産農業所得を見直す必要があるだろう。あるいは、2019/2020時点で農業環境支払い割合の低い穀物で基礎支払いへの依存度割合が高い作物一般については、今後基礎支払いがなくなることから生産投入コストの見直しを行うと同時に、農家あたりの農地を拡大して、規模の経済によるスケールメリットを生み出す必要があるだろう。

２．作物別、農地面積の大きさ別の農地面積と農家従事者の変化

前節で見たように、CAPの単一支払いの代替となる基礎支払いが、2027
年の完全削減とともに、ELMによる直接支払い移行、多くの農家の収入削
減が想定される。PetetinとDobbsは、多くの農家が2027年にPBS完全削減と
ともにELMによる直接支払い移行について、実際に起こる近未来だと理解
しているか疑問視している。仮に理解しているとしても、どのように2027年
までに行動を起こすか、今まさに取り組みを始める段階にあると言える。中
には、既にELMのパイロットに積極的に関わったり、生産農業の投入量の
見直しを行ったりしている農家もいるだろう。ここで興味深いのは、英国の
農協ともいえるNational Farmers Union、最大の土地所有者であるNational
Trustといった多くのステークホルダーが、基礎支払い制度を廃止し、農業
環境支払い制度を主軸とした新たな農業政策に移行することを支持している
ことである（National Trust, 2016）。

表9-3　2010年以降のDefraファーム調査の閾値

特徴		閾値
利用された農地	耕作可能な土地、家庭菜園、恒久的な草地、恒久的な作物	>5 ha
恒久的な路地作物	ベリー、柑橘類、オリーブのプランテーション、ブドウ園、苗床	>1 ha
路地生産	ホップ	>0.5 ha
	タバコ	>0.5 ha
	コットン	>0.5 ha
	屋外または低い（アクセスできない）保護カバーの下にある生鮮野菜、メロン、イチゴ	>0.5 ha
ガラスまたは他の（アクセス可能な）保護カバーの下の作物新鮮な野菜、メロン、イチゴ	生鮮野菜、メロン、イチゴ	>0.1 ha
	生花，観賞植物（苗床を除く）	>0.1 ha
ウシ科の動物	全て対象	>10 head
ブタ	全て対象	>50 head
	繁殖用母豚	>10 head
羊	全て対象	>20 head
ヤギ	全て対象	>20 head
家禽類	全て対象	>1 000 head
丈夫な苗木		>1 ha
菌類	すべてのマッシュルーム登録農家	>0

　新農業政策のもとでは、25%の収入の低い農家は消えるだろうと指摘されている（Dobbs and Petetin, 2018）。そこで、本節では、2008年以降の営農規模別農地面積（ヘクタール）と営農規模別農家数を農作物ごとに見て、現状の土地利用状況を把握し、今後穀物別、営農規模別に想定される土地利用のあり方を検討する。

　まず、第一に、統計データに載っている農産物生産面積の定義について説明する（Defra, 2021）。耕作可能な土地、家庭菜園、恒久的な草地、恒久的な作物に利用された農地の定義は、5 ha以上である。もちろん5 ha以下の農地もあるが、2010年以降は全体の傾向を見るために載せていない。キイチゴなどのベリー、柑橘類、オリーブのプランテーション、ブドウ園、ハウスで栽培されない路地で作られる園芸作物は1 ha以上、ホップ、タバコ、コットン、路地の生鮮野菜、メロン、イチゴは0.5ha以上、ガラスなどのハウスで作られる園芸作物は、0.1ha以上が調査の対象となっている。畜産は、ウシ科の動物は10頭以上、ブタは50頭以上（繁殖用母豚は、10頭以上）、羊とヤギは20頭以上、家禽類は1,000羽以上である。苗木などは、1ha以上、菌類は、0 ha以上から統計の対象となっている。なお、一時的に活動レベルが低下している登録地（例：季節的に貸し出されている土地、一時的に空になっている豚や鶏の小屋）も、閾値を超えていると掲載される。

　それでは、まず、**図9-5**において、穀物の営農規模別農地面積の推移（ヘクタール）をみていく。緩やかではあるが、100ha以上に作付けを行っている農家が増加しており、20ha以上50ha未満の作付け農地面積が減少している。特に穀物の営農規模別登録地数は、2016年を境に50ha以下の登録地数が減少している一方で、2018年以降100haの登録地が増加している。

　一方で、**図9-6**の一般作物は、5ha未満の面積が2017年を境に減少に転じた以外は、5ha以上の登録地数が増加している。特に2015年以降100ha以上作付けの農地面積が増加しており、土地の集積が始まっていると言える。

　次に、**図9-7**の条件不利地域放牧面積は100ha以上の放牧地を持つ農家が2017年から一転して減少に転じた。そして、小規模な5 ha未満の農家が2017

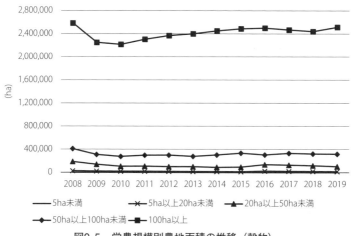

図9-5　営農規模別農地面積の推移（穀物）

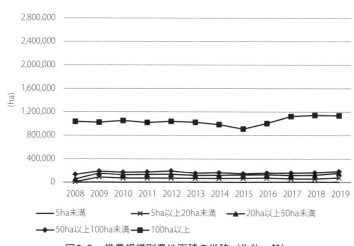

図9-6　営農規模別農地面積の推移（作物一般）

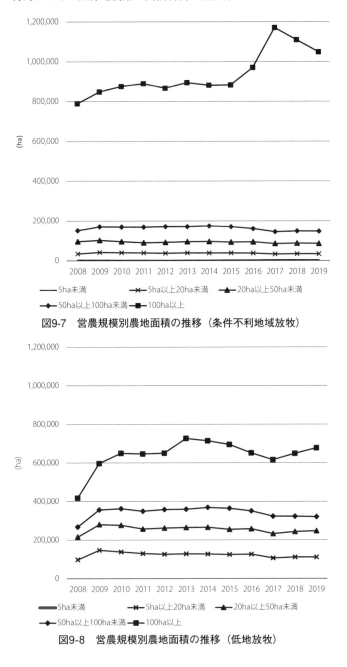

図9-7　営農規模別農地面積の推移（条件不利地域放牧）

図9-8　営農規模別農地面積の推移（低地放牧）

年以降同様に減少に生じたが他は横ばいであった。これは、2017年が経営戦略の転換期であり、大きな面積を持つ農家はEU離脱による政策の転換で十分な補助金が出ないことを懸念した可能性がある。

一方、図9-8の低地放牧では、100ha以上の規模の農地面積が増加している。低地放牧では、新たな農業環境支払いELMに入れない可能性がある。そのため、100ha以上の規模の拡大化を図ることで、経営を成り立たせようとする農家が増えているといえる。

園芸作物はどうだろうか。図9-9の園芸は、2015年から100ha以上の大農家が作付面積を減らしている。また、2018年以降100ha以下の農家も作付面積を減らしている。園芸は、近年、東欧諸外国の季節労働者で労働力を得ていたが、EU離脱が決まったことで、労働力の確保が困難になったと見られている。今後、輸入農産物の価格が上がり、また、国産の園芸作物も供給が減ることで農産物全体の価格が更に高くなる可能性がある。

また、図9-10の混合農業は、図9-3で見たように他の農産物に比べ生産から得られる農業所得がマイナスとなっている。面積を見ると100ha以上の農地面積が2013年をピークに減少しており、今後も同様の傾向が見られると予想されることから、混合農業における市場淘汰が始まっていると考えられる。

３．農地面積別登録地数からみる集積化、粗放化が起きているのか

本節では、作物別に面積別の登録地数の変化を見ていく。図9-11から図9-14は、2008年をベース年としたときの、面積別の登録地数の変化を示している。図9-11は穀物の面積別の変化となっている。5haについては流動性が残るものの、5ha以上20ha未満は減少の傾向となっている一方、100ha以上の作物面積を持つ登録地数は年々増加しており、2008年比で15%増となっている。

図9-12は、一般作物の営農規模別登録地数の変化である。一般作物は、100ha以上に微増が見られるが、どの面積も減少している。特に5ha以下は2017年以降顕著に減少しており、2008年比で32%減となっている。土地の集

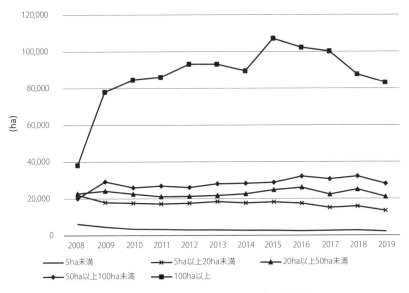

図9-9　営農規模別農地面積の推移（園芸作物）

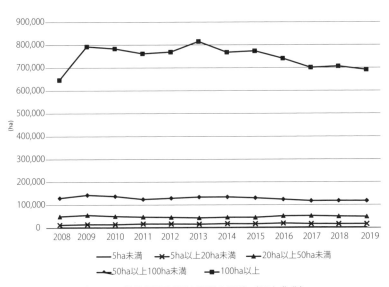

図 9-10　営農規模別農地面積の推移（混合農業）

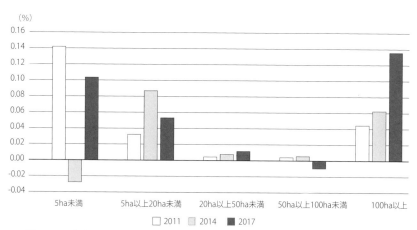

図 9-11　営農規模別登録地数の変化（2008 年を 0 とした時の増減割合）（穀物）

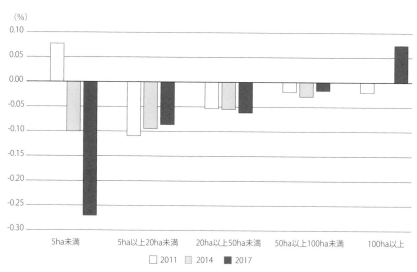

図 9-12　営農規模別登録地数の変化（2008 年を 0 とした時の増減割合）（一般作物）

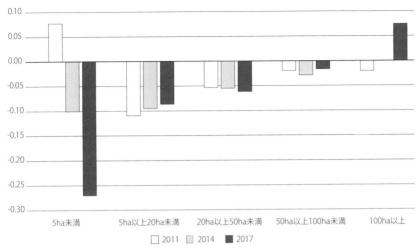

図 9-13　営農規模別登録地数の変化（条件不利地域放牧）

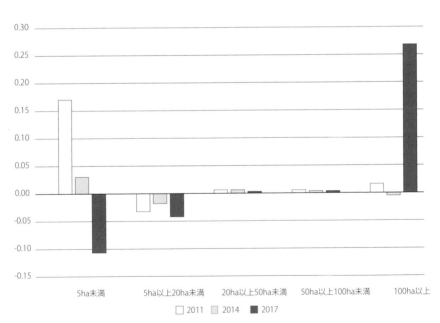

図 9-14　営農規模別登録地数の変化（低地放牧）

積が進んでいるのは大規模農家のみで100ha未満の面積規模の農家は、継続
が困難な農家も出ると思われる。

　図9-13は条件不利地域の放牧の登録値数の変化である。2016年までは５
ha未満の小規模農家が増加の傾向にあったが、減少に転じている。５ha以
上100ha未満が増加していないため、規模の拡大が進行したわけではないと
考える。また、100haの登録地数も2018年以降減少に転じている。近年、農
業環境制度は条件に合う地域の特性などを兼ね備える必要があり、ELM政
策が見えて来るにつれて条件不利地域放牧での大規模経営は困難と判断する
農家が増えている可能性がある。

　図9-14は低地放牧の面積別登録地数の変化である。環境配慮から１ha当
たりに放牧できる羊の数が決まっているため、より多くの羊を入れるために
は土地の規模の拡大を図り、投入数を増やして所得を向上させるしかない。
そのため、低地放牧では、100ha以下の登録地はそれほど変化がないが、羊
の数が増やせない５ha未満が減少し、100ha以上の登録地が増加している。
100ha以上の登録地が増加しているのは、大規模な低地放牧の集積が起きて
いることを示しており、また、条件不利地域放牧と対照的である。

４．「土地賃貸料」の価格

　もう一つ起こりうる構造変革の１つとなりうるのは、「土地賃貸料」の価
格の変化である。これまでも土地賃貸料の価格沸騰が、借地農家の生産農業
所得を減少させている要因として指摘がされてきた。慣行的に賃貸料は面積
単位あたりの単一支払い金額相当となってきており、年々増加してきていた。
面積当たりに支払われる単一支払い的な直接支払いがなくなることで、「土
地賃貸料」が下落する可能性がある。そうすると、さらに農地を借りやすく
なる。一方、貸している農家は収入が減るが、もともと自分が生産を行う余
力のない農家、あるいは利益を上げられるほど生産に力を入れていなかった
農家は、これまで土地所有していた農地を手放す可能性があると考えられて
いる（Defra, 2019）。

おわりに

　本章のデータから見えてきたこととして、１）総農地の５割以上の農家は1991年という早い段階から単一支払いによる直接支払いと農業環境制度による直接支払いを併用してきた。これにより、生産する農地において農産物を生産すると同時に環境保全することでその見返りに支払いを受けるという直接支払いの考え方が定着している、２）英国のEU離脱後は、単一支払いから基礎支払いを国として継続して支出しているが2027年までに英国における基礎支払いは、完全にELM農業環境支払いに統合されることに対して、英国の農協といえるNational Farmers Unionも理解を示していること、３）それに伴い、２割の農家の経営が困難となるが、収益を上げていない農家への補助をやめて、農地の集積化による構造変革と、農家の経営の見直しを図ろうとしていること、４）農業環境支払いを通じて「管理された」形での農地の森林化、すなわち自然再生が進んできていることがわかった。

　現在のところ、イングランドは本気で農業部門の構造改革を行い、より市場競争に強い部門に変えようとしている。農家数の減少は意欲のある農業者が田畑を集めるチャンスになる半面、減り方が急すぎると農業環境政策推進により農産物部門によっては集約化が進む可能性がある。この政策が英国にとってさらに物価を押し上げることになる懸念もあるだろう。英国の農業政策が今後どのように変化していくのか長期的視野で評価していく必要があるだろう。

　日本の農業政策への示唆として、何が言えるだろうか。日本は、1970年から2017年まで、およそ50年近くにわたり実施された「減反政策」が、2018年度に廃止された。といっても、減反する地域や農家を対象に補助金や交付金支払いは続いている。また、主食とする米以外の加工用米や飼料米も含めた生産が行われている。このままでは、農地の集積は主に企業によって行われるが、担い手農家による農地の集積は進まない可能性がある。そして、米の

価格は補助金によって維持、という今の形を変えることができないだろう。政策の転換による急激な土地利用の変化は農地の荒廃を招くので、注意が必要だが、少しずつ面積当たりの直接支払いから、農業環境制度による直接支払いを広域で進めることがより環境に優しい農地変革となるのではないか。

　今後、これらの農地について、主食以外の生産を継続することで環境保全を行っているという概念を導入することで、今後これらの補助金や交付金を農業環境支払いに含めていくことは可能である。また、生産自体が困難となっている土地が荒廃するケースについては、ただ荒廃農地にさせてしまうのではなく、「管理された」農地の森林化による農業環境支払いを一定期間行うことで、農地の自然再生も可能であると考える。

注
（1）屋外豚に使用される土地は、2010年の新しいカテゴリであり、以前は「その他すべての土地」に含まれていたので2010年以前も全くなかったわけではない。また、厳密には農産物の生産に関係した土地であるが、統計上はその他のカテゴリに入っている。

参考文献

BirdLife Data Zone. (n.d.). Retrieved December 8, 2021, from http://datazone. birdlife.org/sowb/casestudy/abolition-of-set-aside-in-europe-threatens-farmland-birds

Dobbs, M., Petetin, L. and Gravey, V. (2018). Written evidence to House of Commons EFRA Committee's inquiry on the Agriculture Bill (House of Commons: London), http://data.parliament.uk/writtenevidence/committeeevidence.svc/ evidencedocument/environment-food-and-rural-affairs-committee/scrutiny-of-the-agriculture-bill/written/91290.pdf.

DEFRA, National Statistics. (2021). Farm Accounts in England: Results from the Farm Business Survery 2019/20. December 2020.
https://assets.publishing.service.gov.uk/government/uploads/system/uploads/ attachment_data/file/962279/fbs_farmaccountsengland_18feb21.pdf

DEFRA. (2019) The Future Farming and Environment Evidence Compendium. September, 1-122. https://www.gov.uk/government/organisations/department-for-environment-food-rural-affairs/about/research

Hart, K. and Maréchal, A.（2018）. Comparison of the Emerging Agricultural Policy Frameworks in the Four Countries.（IEEP: Brussels）. Available online at: https ://ieep.eu/publications/emerging-agricultur al-policy-frame works-in-the-uk.

HM Government（2018a）. Frameworks Analysis: Breakdown of Areas of EU Law that intersect with Devolved Competence in Scotland, Wales and Northern Ireland（HMSO: London）. Available online at: https://www.gov. uk/government/uploads/system/uploads/attachment_data/ file/686991/20180307_FINAL__Frameworks_analysis_for_publication_on_9_ March_2018.pdf.

HM Government（2018b）. A Green Future: Our 25 Year Plan to Improve the Environment（HMSO: London）. Available online at: https ://www.gov.uk/ government/publications/25-year-environment-plan.

HM Goverment（n.d.）Structure of the agricultural industry in England and the UK at June - GOV.UK. Retrieved December 8, 2021, from https://www.gov.uk/ government/statistical-data-sets/structure-of-the-agricultural-industry-in-england-and-the-uk-at-june

Jung, A., Dörrenberg, P., Rauch, A., & Thöne, M.（2010）. BIOFUELS - AT WHAT COST? Government support for ethanol and biodiesel in the European Union - 2010 Update. www.globalsubsidies.org.

Matthews, A.（2013）. Greening agricultural payments in the EUs Common Agricultural Policy. Bio- based and Applied Economics, 2（1）: 1-27.

Petetin, L., Gravey, V. and Moore, B.（2019）. Setting the Bar for a Green Brexit in Food and Farming, a report for the Soil Association（Soil Association: Bristol）. Available online at: https://www.brexitenvironment.co.uk/wp-content/uploads/dlm_uploads/2019/06/SoilAssociation Full.pdfJJThe ENDS Report（2019）.

Swinbank, A.（2009）. Promoting Sustainable Bioenergy Production and Trade l ICTSD Programme on Agricultural Trade and Sustainable Development EU Support for Biofuels and Bioenergy, Environmental Sustainability Criteria, and Trade Policy ICTSD Global Platform on Climate Change, Trade Policies and Sustainable Energy.

The Guardian（2016）. National Trust calls for complete reform of British farm subsidies, 4 August. Available online at: https://www.theguardian.com/ environment/2016/aug/04/national-trust-calls-for-complete-reform-of-british-farm-subsidies

第10章　英国の条件不利地域農業の行方
—ダートムーアの事例から—

和泉 真理

はじめに

　英国イングランドでは、ヨーロッパ諸国の中でも平均規模が大きく効率の高い農業が営まれている。しかし、イングランドの北部や東部に広がる丘陵地帯は冷涼な気象や地形のために農業の条件不利地域となっており、そこでは長年にわたり放牧を主体とした畜産が営まれてきた。丘陵地域の農業は、地域の主要産業であるとともに、英国の丘陵地域特有の景観や植生を作り出し、観光客などを魅了してきた。同時に丘陵地特有の環境に根差した観光業や農業環境支払いが丘陵地農業を支えており、イングランドの丘陵地農業は農業と環境保全とのバランスの上に営まれてきている。

　イングランドの丘陵地農業は平野部での耕種農業などと比べて経営状態は厳しい。農業者は減少し、産業や地域社会に占める農業のプレゼンスも縮小している。丘陵地農業を農業補助金が支えてきたが、政策の変遷自体も丘陵地農業のあり方に変更をもたらしてきた。英国は2020年1月末をもってEUを離脱したが、離脱後の農業政策については第8章で紹介したようにイングランドは「公的資金は公共財へ」との考え方を基本に、農業や農地がもたらす環境価値を中心とする「公共財」のみを農業政策の対象とする方向で新しい政策を策定しつつある。農業政策を農業生産活動ではなく環境保全や動物福祉のみに向けるという政策変換は、丘陵地農業へも大きな影響を及ぼすことが見込まれている。

　環境保全にますます傾斜する世論や農業政策の中で、イングランドの丘陵

地農業はどの方向に向かおうとしているのか。国民が農業に求めるものや農業政策の内容が環境保全や気象変動対応に傾斜していく中、農業自体はどのように変化し、そこにどのような課題があるのか。本章では、そのような視点からイングランドのダートムーアにおいて、条件不利地域農業が農業政策の変化にどのような影響を受け、どのように変遷しているかを紹介する。農業が経営的に苦しい中、環境保全事業と両立させつつ変化していく様は、日本の中山間地域の農業の今後を考える上での示唆を与えるだろう。

第1節　イングランドの丘陵地農業の特徴

1．概観

　イングランドの丘陵地は、農業政策上の条件不利地域とほぼ一致しており、農業にとって厳しい気象条件、土壌条件、高い生産コストや流通コストを特徴としている。イングランドの農場経営統計[1]からイングランドの条件不利地域の概観を示しておく。

　イングランドで条件不利地域に指定されている面積は220万haで、そのうち180万haは農地として利用されている。これはイングランドの農地の17%を占める。地域的には、イングランド北部、ピークディストリクト、ウェールズとの国境地域、エックスムーア、ダートムーア、コーンウォールといった南西部に集中している。このうち67%は特に条件不利な地域（Severely Disadvantaged Area：SDA）、33%は条件不利な地域（Disadvantaged Area：DA）に区分される。また、イングランドの条件不利地域の42%はムーアランド（二次的植生に覆われた荒地）に指定されている（図10-1）。条件不利地域の農業の中心をなすのは放牧を主体に肉用牛や羊を飼う畜産経営であり、イングランドの肉牛の29%、雌羊の44%を生産し、同時に丘陵地特有の景観を維持する役割を果たしている。

　統計数値[2]からみたイングランド丘陵地での農場の平均的な姿は、農場は153haの農地を管理し、その他にコモンズでの放牧権を持っている。153ha

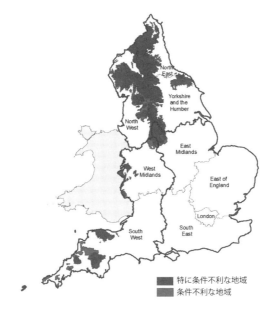

図10-1　イングランドの条件不利地域の分布

出所：Rural Business Research Newcastle University（2018 年）"Farm Business Survey 2016/2017 A summary from hill farming in England"

の半分は自作地、半分は小作地であり、90haは永年放牧地となっている。平均すると28頭の親牛と382頭の雌羊を飼い、それに肥育中の牛や羊も加えれば、肉用牛86頭、羊756頭となる。

　条件不利地域の農業経営（Grazing livestock LFA）は**図10-2**にあるように、他地域、他作目に比べて厳しい経営状況となっている。

　平均的な条件不利地域の放牧経営では、全体の売り上げのうち61%を農業生産活動から、23%を基礎支払い（面積当たり支払）から、12%を農業環境支払いから、残り４％を何らかの多角化経営による収入から得ている。しかし、**図10-2**からもわかるように、条件不利地域の放牧経営では、農業活動に基づく所得は赤字であり、それを面積当たり支払いと農業環境支払いという補助金で相殺している。それでも、他作目に比べて低い農業所得水準しか得られていない。また、条件不利地域に隣接した平野部での放牧畜産、これ

農場当たり平均所得（単位：£）

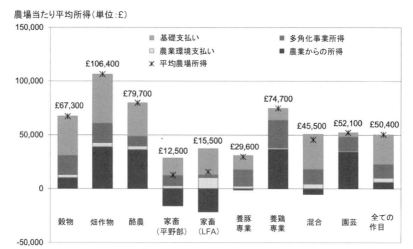

図10-2　イングランドの作目別の農場所得構造（2018/19年）

出所：Defra（2019）"Farm Business Income by type of farm in England, 2018/19"

ら両地域に多い畜産と穀物生産などを組み合わせた混合農業の平均農場所得も他作目に比べて低い。

　また、イングランドの条件不利地域では、所得に占める農業環境支払いの比率が高い。条件不利地域の多くが国立公園地域などの指定下にあり、より環境価値の高い地域が多いことを反映している。

2．イングランドの条件不利地域支援策

　イングランドにおける丘陵地農業への支援策は、第二次世界大戦中の食料増産策として丘陵地の羊と牛への頭数当たり支払いを始めたことに端を発し、大戦後もそれは継続された。1973年にEUに加盟した後は、1975年からEUの共通農業政策の一貫として導入された条件不利地域政策へと引き継がれた（和泉、1989）。1976年に導入されたイングランドにおける条件不利地域政策事業である丘陵地家畜補償支払（Hill Livestock Compensatory Allowance）は丘陵地農業を営むうえで生じる追加的負担を補償し丘陵地の地域社会の維持を目指すものであった。これを引き継ぎ2001年から導入された丘陵地農業

表 10-1　農村スチュワードシップ事業における条件不利地域関連メニューと単価

オプション内容		単価
GS5	特に条件不利な地域（SDA）での非常に資材投入の少ない永年草地	£16/ha
SW10	SDA の川や湖に連接した草地で季節的に家畜を入れない	£36/ha
UP1	境界で囲まれた放牧地	£39/ha
UP2	鳥に配慮した放牧地の管理	£88/ha
UP3	ムーアランドの管理	£43/ha
UP4	ムーアランドの管理：植生管理に対する追加助成	£10/ha
UP5	ムーアランドを湿潤化することへの追加的助成	£18/ha
UP6	丘陵地での家畜を退けることに対する追加助成	£16/ha

出所：Natural England, "Countryside Stewardship: Higher Tier Manual", 2016

支払（Hill Farm Allowance）は、目的が丘陵地の景観と地域社会を維持するためとなっている。そして、2010年からは、イングランドでは単独の条件不利地域事業は廃止され、農業環境支払いである環境スチュワードシップ事業（Environmental Stewardship）の中に、丘陵地専用メニューとして統合された。

　現行（2014-2020年期）のEUの共通農業政策では、条件不利地域支援は構造政策として設定されている20の施策のうちM13「自然等制約地域支払」（Payments to Areas with Natural Constraints: ANCs支払）として継続されている（浅井・飯田、2019）。しかし、イングランドの農村振興計画にはこのANCs支払いは予算計上されていない[3]。条件不利地域支援は、現行の農業環境支払い事業である農村スチュワードシップ事業（Country Stewardship）の中の丘陵地向けメニューの中に含まれている（**表10-1**）。このように、イングランドの条件不利地域支援策は、当初の生産振興や地域社会振興から環境保全へとその目的を移行させてきている。

　また、条件不利地域の農業所得を支える面積当たりの支払いは、イングランドでは農地のほとんどで1 ha当たり約250ポンドが支払われている[4]。コモンズとしての利用が多い、ムーアランド（条件不利地域のうち放牧などが行われる荒野）については、1 ha当たり約50ポンドが支払われる。

３．条件不利地域農業とコモンズ

　条件不利地域の放牧畜産経営の特徴として、自ら経営する農地とコモンズの利用を組み合わせた経営が多い。春から秋にかけてはコモンズで家畜を放牧しつつ自らの農場で冬用の牧草を生産し、環境の厳しい冬期間は家畜を農場に戻して管理するというやり方である。

　コモンズは「共有地」と訳されることもあるが、共有地ではない。土地には所有者がいるが、他の人がその土地に対する何らかの利用権を持っているのである。コモンズに利用権には家畜（牛、羊、馬など畜種と頭数が指定されているコモンズが多い）の放牧権の他、草地の刈り取り権、薪を集める権利、魚をとる権利など、様々な種類がある。

　イングランドには実に7,000箇所以上のコモンズが登録されており、首都ロンドンの市内にもコモンズはあるが、多くは北部や東部の丘陵地、中でも国立公園の中に多く存在している。丘陵地の中でも標高の高い、とりわけ生産性の低い土地がコモンズとなっていることが多い。チャリティー団体であるイングランドコモンズ基金によれば、英国（北アイルランドを除く）の面積のうち約５％がコモンズであり、イングランドに限れば面積の３％がコモンズとなっている。

４．英国のEU離脱と条件不利地域農業

　EU離脱により共通農業政策の傘下から外れることは、特にEUからの補助金への依存度の高い条件不利地域の農業経営への打撃が大きいと予想されている。また、英国の丘陵地農業で比率の高い羊部門については、英国内で生産された羊肉の多くは他のEU加盟国に輸出されており、輸出に何らかの規制がかけられることは羊生産農家、すなわち条件不利地域農業にダメージをもたらすと予想されている。

　他方、イングランド政府は、EU離脱後は農地面積当たりの支払いを廃止し、農業支援策としては「公的資金は公共財へ」との考え方を基本に、農業や農

地がもたらす環境価値を中心とする「公共財」のみを農業政策の対象とする
方針である。それを具体化する事業であるELM事業（Environmental Land
Management Scheme）の策定のために、現在は各地で試験的事業が行われ
ているところである。ELM事業は様々な公共財の中でも環境の保全・増進
を重視した支援策となることが予想されており、環境価値の高い地域で農業
を営む条件不利地域農家はその支援策の恩恵を受け易いとの見込みもある。

第2節　ダートムーア国立公園内にみる条件不利地域での農業・環境・農村

　本節では、イングランドの条件不利地域における農業の現状や農業と環境
との両立に向けた取組について、ダートムーア国立公園地域内での実例から
見ることにする。

1．ダートムーア国立公園の概要

　ダートムーア国立公園は、イングランド南西部デヴォン州にあり、面積は
954km^2、南北・東西とも約35kmの広がりを持つ（**図10-3**）。広々とした丘
陵地の景観に特徴があり、開放された空間を楽しむハイカーに人気の高い国
立公園である。国立公園自体は見渡す限りの荒涼とした丘陵地が広がるが、
ロンドンからは特急で2時間程度、周辺にはエクセター、プリマスといった
大きな都市がある。国立公園のほぼ全域が条件不利地域の中でもとりわけ条
件の悪い「特に条件不利な地域」に指定されている。また、国立公園の面積
の約半分はコモンズであり（**図10-4**）、そのうちの60%はチャールズ皇太子
家の所有地（皇太子の所有地はコーンウォールを中心にイングランド各地に
あり、ダッチー（Duchy）と総称される）である。
　国立公園域内の環境保全や地域振興も含めた計画の策定と実施を行うのは、
ダートムーア国立公園管理事務局である。イングランドの各国立公園管理事
務局は、土地開発の許認可権など、環境保全のみならず経済活動や地域振興
も含めた権限を与えられている。

図10-3　ダートムーア国立公園の位置

図10-4　ダートムーア国立公園内のコモンズの分布

出所：ダートムーア国立公園のサイトから。
注：図中の「ダートムーアの森」も「森」とは名称だけであり、実際には丘
　　陵地の原野である。

ダートムーアの丘陵地は数千年にわたり農業者の放牧によって維持されてきた。ダートムーア国立公園内のコモンズや自作地で畜産を営む農業者は、同時に国立公園として環境保全やレクリエーション利用へのニーズにも対応してきている。このダートムーアでの丘陵地農業を維持・発展させるために、2003年からダートムーア丘陵地農業プロジェクトが始まり、国立公園管理事務局がその事務局となっている。国立公園内の農業者が新しい技術の導入や経営の多角化、環境保全の取り組みを行うことを支援するために、情報提供や助言、イベントの開催などを行っている。

2．コモンズでの農業

ダートムーア国立公園には大小92のコモンズがあるが、それぞれの間に物理的な境界が設置されているわけでは無い。しかし、コモンズごとに利用権を持つ農業者は異なり、後述するように農業環境支払いの取り組みの違いをもたらしている。ダートムーア国立公園内には約800の農場があるが、このうち家畜を飼っている農場は220農場。国立公園内のコモンズの利用権を持っている農業者は720人だが、その中で実際にコモンズにおいて放牧しているのは180人である。ダートムーア国立公園においても、農場の規模拡大が進んでおり、中小規模の農場の撤退が進んでいる。そのような農場の所有する農地の管理の劣化、あるいはコモンズを利用した放牧の減少は、雑草や灌木の侵入を招き、景観の変化にも繋がっている。

農業者はコモンズで放牧する以外に専有できる農地を所有あるいは借りており、その農地を使って冬の間家畜を維持したり（通常コモンズでは冬の間は放牧できない）、牧草を作ったりしている。異なるサイズの農場がコモンズを一緒に利用しており、雑草駆除のような作業に小さい農場も参加するので、丘陵地農業地帯では英国の平地農業には見られない農業者間の共同体的な繋がりが見られる。

コモンズの権利は土地に帰属しており、昔からある権利である。1986年にダートムーア・コモンズ法が制定され、コモンズの利用者によるダートムー

ア・コモンズ協議会が設立された。協議会は、ダートムーアのコモンズを東西南北4地区に分けた、それぞれの地域から大規模と小規模の農場の代表者に加えて、コモンズの土地所有者の代表者、国立公園事務局などで構成されている。この組織の主要な目的は、コモンズ利用権の管理であり、会員はお金を払って協議会に権利を登録する。権利は家畜単位で登録され、1家畜単位は牛1頭、ポニー1頭、羊5～6匹の放牧権となる。牛20頭の放牧権というように畜種を特定した利用権もある。また、コモンズの状況のレビューやコモンズとしての政策提言、家畜の盗難や犬の被害といった事象への対応などを協議会として取り組んでいる。

3．コモンズと農業政策：ダートムーアの農業者へのインタビューから

　ダートムーア国立公園内でコモンズを利用しつつ畜産経営を行う農業者達へのインタビューを行った[5]。そこから判明したのは、彼らの経営は農業助成制度への依存度が大きいが、コモンズにおける各種農業助成策の実施は複雑であり、コモンズでの営農や農村社会に様々な影響を及ぼしていることであった。EUから

写真10-1　ダートムーア国立公園での放牧

の離脱後に導入が予定されているELM事業は、現行の農業環境支払いを引き継ぐような事業となると想定されているが、現在の課題が新事業でどのように変更されるのか、あるいはされないのかは、イングランドの丘陵地農業の将来を大きく左右することが見込まれる。

（1）基礎支払い（面積当たり支払い）

　現在の農業助成の主体をなす農地面積当たり支払いについては、コモンズでは、コモンズの利用権の所有者がその所有する権利の数に応じて補助金が

支払われるようになっている（Rural Payment Agency,2019）。EUの農業支援策は、農業生産に結びついた支払いから、生産とは切り離して農地へ直接支払う政策に移行してきたが、このことはコモンズの利用権が金銭的価値と繋がるようになったことを意味する。また、この支払いが（農業生産ではなく）農地に対する支払いになったことで、特に条件不利地域の土地を多く所有している環境保全関連のNGO（National Trust、王立鳥類保護協会（RSPB）など）が、土地の賃借をビジネス化するようになり、条件不利地域での小作料が上がる原因となっていると農業者達はみなしていた。

　基礎支払いは農地面積に対して支払われるわけだが、例えば、農業環境支払いのメニューに参加すると放牧密度が減り、放牧圧力が減って放牧地にgorse（ハリエニシダ）が広がると、そこでは放牧できないと判断され農地として算入されず、直接支払いが減らされる、といったことも生じている。

（2）農業環境支払い

　丘陵地域の放牧畜産経営の環境保全への取組は、第1節の**表10-1**で示したように、平野部の耕種農家による緩衝帯の設置や輪作の実施、肥料投入の規制などの取組とは異なる事項が多い。放牧畜産において最も問題とされるのは、放牧密度が高すぎることが引き起こす環境破壊である。生産性の高い草地での集約的な畜産よりも、放牧地での粗放的な畜産や放牧地の植生の再生といった取組が志向され、農業環境支払いの対象となる。枯葉や雑草駆除のために伝統的に行われてきた野焼きも、ピート土壌の破壊を抑えるために様々な規制がかけられている。

　現在ダートムーア・コモンズ協議会の会長を務めるワルデン氏は、以前の丘陵地農業支援策は社会経済的側面が強かったが、それが環境支払いに統合されたことで、地域コミュニティを活性化するという効果を失ったと述べた。農業環境支払いについては、前事業の環境スチュワードシップ事業ではほとんどの農家が事業に参加していたが、現行事業の農村スチュワードシップ事業は事業内容が悪く、事業への参加農場数は減少している。それでも収入源

としてしがみつかざるを得ないのが実態だとのことだった。

　コモンズでの農業環境支払いをめぐる状況は、さらに複雑である。

　まず、土地所有者とコモンズの利用者の間での分配の問題がある。Short and Waldon（2013）にあるように、農業環境支払いの分配の仕方はコモンズによって極めて多様であり、土地所有者とコモンズの権利所有者と実際の放牧者での分配率が設定されたり、農業環境支払いのメニューによって受給者が異なったりしている。土地所有者の取り分は地域によって大きく異なり、ダートムーアでは土地所有者が10%、カンブリアでは0%、ペナンやヨークシャーでは50~60%程度だそうである。

　農業環境支払いの一定の比率が、実際に農業環境支払いに指定されたメニューに取り組む利用者ではなく、土地所有者やコモンズの権利だけ持っていて利用していない人に向けられていることへの不満は大きい。農地面積当たり支払いはEUの規定でActive Farmer（実際に農業を行っている人）でないと受給できないが、農業環境支払いはそのような縛りがないことから生じる問題とも言える。コモンズの権利を持っていながら放牧しない人とは、1）その土地を偶然借りた人、2）畜産農家だが放牧しない人、3）畜産農家ではない農家、である。

　インタビューに応じた農業者の一人ヘレンは、放牧していないが農業環境支払いを受給している人に、ブラッケン（外来種のシダ類の雑草）の駆除に参加してもらっている。作業への参加によって、1）自分の権利のあるコモンズの位置がわかる、2）コモンズを維持するために作業が必要なことがわかる、という効果があるそうだ。一部でも作業に従事させることは重要とのことだった。

　また、そもそもコモンズとして農業環境支払いに参加するかどうかの問題もある。農業環境支払いに参加するには、コモンズの権利保有者の過半数の賛成が必要だが、このことが、農業者の分断・対立の原因ともなっている。例えば20人がコモンズの権利を持っており、その中で実際に放牧しているのは4人だけであっても、農業環境支払いを受給するには放牧していない人の

賛同も得ないといけないことになる。他の農業者の農業環境支払いの取組を邪魔するために、参加を反対している農業者もいるそうだ。

写真10-2　放牧により維持されてきた丘陵地のピート層の上に広がる独特の植生

インタビューによれば、現在の農業環境支払いに参加しているのはダートムーア国立公園内の92のコモンズのうち、32だけである。これは、上記のような理由でコモンズ利用者間の過半数の合意が得られなかったこともあろうが、何よりも現行の農業環境支払いであるCountry Stewardshipの評価がすこぶる悪いことが挙げられる。前事業であるEnvironment Stewardshipへの参加率は一時90%にも及んでいた。その一因として、前事業の策定時には多くの農業者の関与があったが、Country Stewardshipの時にはプロセスの簡素化などにより農業者の関与がほとんどなく、結果として事業が農業の実態と合わないことが多いこともあるようだ。

この他、農業環境支払いのメニューの内容自体の問題も聞かれた。例えば、家畜保有頭数の下限設定がなされていることで、小規模な畜産農家が放牧できなくなっている。大規模農家と小規模農家では放牧の手法が異なり、共存することで放牧地を満遍なく使うことができたのが、小規模農家が放牧しないことでバランスが崩れるとの結果を招いている。また、イングランド南西部に多い石垣の管理規定も、非常に手間がかかり農業経営を圧迫しているとのことだった。

(3) ツーリズムとの関係

特に国立公園内の農業者にとって農業と環境との両立で最大の問題は、訪問者の農地へのアクセス権である。コモンズには人々のアクセス権が設定されているが、コモンズ内を歩く人々の中にはそこが家畜の放牧地であること

を無視するような行動をとる人もいる。国立公園内の3/4の農場において人々のアクセスがあり、農業者は家畜の移動の時などには歩いている人に配慮するために余計な手間をかけなくてはならなくなる。

　また、よく取り上げられるコモンズ内で犬が放されることから家畜が被害を受ける問題については、訪問者が伴ってくる犬よりも、町でペットを飼う人から散歩を請け負った業者が何匹も運んできて、一斉に農地に放ち、その犬が羊を襲ったりする方が問題だそうだ。町の公園などでの犬の散歩への規制が強まってきている分のしわ寄せが丘陵地にきているとのことだった。

　他方、多くの農業者はB&B（民宿）の経営など、ツーリズムを重要な副収入源としており、観光客は必要である。放牧と観光との間でどのように折り合いをつけ、訪問者を誘導していくかが課題である。

(4) EU離脱後の農業及び農業政策について

　EU離後の丘陵地農業については、特にEUとの貿易・通関手続きに変更があった場合、EU市場への輸出に依存している羊生産農家が損失を被ることが予想されている。ダートムーアで羊を生産している農業者も、EU離脱で大きな影響を受けるだろうとの認識を持っていた。そもそも、近年英国人の羊肉の需要自体が鶏肉などへのシフトやヴィーガンの増加などにより減っており、イングランドの羊生産農場の経営環境は悪化している。ダートムーアでインタビューを行った羊生産農業者は、生産者による販売組合を結成し、これまでの市場販売から近隣のスーパーへの直売といった新たな販売方法の構築を模索しているところだった。EU離脱で羊の販売先が失われたら、「生産規模を縮小して、家族分くらいの羊を飼うようにすれば自分達は食べていけるが、自分達がこれまで守ってきた丘陵地の環境は失われるだろう」と語った。

　また、EU離脱後の農業政策であるELM事業については、農業者達は現行の農村スチュワードシップ事業の失敗の徹は踏んで欲しくないとした上で、予算額がどれほど確保されるのか、以前は丘陵地農業者が得ていた補助金が

基礎支払いや農業環境支払いによって土地所有者に行くようになった動きが加速されるのではないか、について懸念していた。ELM事業がこれまでの環境保全活動への支払いから、活動によってもたらされた環境保全の結果に基づく支払いへ移行するとの憶測がなされていることについて、農業者は結果に基づく支払いに大きな期待を抱いていた。ダートムーアの農業者達は、過去20年にわたって農業と環境との両立のために様々な取り組みを行い、知識や技術を蓄積してきている。農地毎に最適な放牧密度が異なるなど、環境保全にとって好ましい取り組みは農地によって異なるのであり、現行制度のように全国一律のメニュー設定ではなく、自らの裁量で取り組みが行える結果に基づく支払いを志向していた。

4．土地所有者の立場：ダッチーへのインタビューから

ダッチー（Duchy：チャールズ皇太子の資産）はダートムーア国立公園内の8,100haの土地と20,200haのコモンズの土地を所有する最大の地主である。ダッチーは、農業者とともに農業振興や環境保全に取り組んでいるが、同時に所有地の環境保全と不動産経営ビジネスの両立を考えている点で、農業者とは異なる視点を持っている。ダートムーアを含むコーンウォール地域のダッチーの土地管理責任者であるクリス・グレゴリー氏に、土地所有者としての考えを聞いた[6]。

ダートムーア国立公園内のダッチーの所有地は21人の小作農業者に貸されており、さらにダッチーが所有するコモンズの利用権を持つ多数の農業者が存在する。小作農業者との間には小作契約合意書が締結されている。それに基づき土地を借りている農業者は自由に農業経営を行い、20～30年にわたって農地の状態を維持し次の土地を借りた人に同じような状態で引き継ぐことが求められている。もし農業者がダッチー側の好まないやり方で土地を利用している場合には、ダッチーは農業者と話し合って変更を求め、さらには農業環境支払いを利用した金銭的解決を目指している。

一方、コモンズの利用権を持つ放牧農家の場合には、放牧のやり方は農業

者次第となっている。

　グレゴリー氏は、これまでEUの共通農業政策のもとで行われてきた農業と環境のバランスが、EU離脱とELM事業の導入に変わろうとしているとの認識だった。

　「これまで丘陵地農業では家畜の生産が一義的なものであった。農業生産は少ないが、環境価値への貢献は大きく、しかし、持続性を達成しておらず環境は劣化している状態だ。ELM事業はそれを変えようとしている。農業は高い公共財を生産し、家畜はそれを生産するための手段である。すなわち環境という生産物の副産物である、という考え方に変えないといけない。農業者にとっては難しい発想の転換だ」と述べた。

　グレゴリー氏は、土地所有者の立場として、今後は土地の属する自然資本からより多くの経済機会を得ることになるとの見通しを持っている。具体的には、土地の森林化や土壌の管理を通じた有機物の増加により環境価値を高め、さらには二酸化炭素排出市場での利益を得るといった新しいビジネスにも取り組む考えだった。

　ただし、そのために農業を排除するのではなく、むしろ家畜の放牧は必要であり、放牧が減ってヒースなど本来の植生が劣化していることに懸念を表明していた。ダートムーアは農業と環境の両立を達成してきたパイオニアの地であり、農業者は環境との両立のための適切な管理手法を蓄積してきている。それを信頼し評価するためにも、新しいELM事業が、例えば自然草地と草地の違いや、土壌の二酸化炭素吸収機能などきちんと評価し、農業者の取り組みが継続できるように補填すべきだとの考えであった。

　農業政策の基本が自然資本の考え方であることを意識し、土地の経営の方向として農業を維持しつつも環境ビジネスへの傾斜を志向していることが伺えた。

第3節　イングランドの丘陵地農業の行方

　イングランド政府は、EU離脱後は農地面積当たりの支払いを廃止し、農業や農地がもたらす環境価値を中心とする「公共財」のみを農業政策としての支援の対象にする方針である。イングランドの丘陵地の農業者の中には、ヴィーガンの増加による食肉需要の減少などによる生産物価格の減少、資材価格の高騰により経営環境が悪化している中、気候変動（メタンの排出）や動物福祉に向けた圧力の増加、EU離脱後の農業支援は環境のみに向けられるとの展望も見据えて、新たな経営方法を模索する動きも見られる。従来の、夏は放牧をしつつ別途集約的に草地を管理し冬用の餌を生産することでより多くの家畜を飼う方法から、資材投入を抑えたより粗放的な放牧、植林との組み合わせなどを試行する農場が増えてきている[7]。

　例えば、湖水地帯の若い農業者一家は、従来の多数の羊の経営から羊の数を減らし、肉牛を導入することで、冬期間も放牧を可能とし、これまで集約的に経営していた草地は森林化することで費用を押さえ環境価値を高める経営に転換した[8]。

　粗放的な農業に取り組むのは、若い農業者に多いが、これについてグロスター大学のジャネット・ダイヤー教授（Janet Dwyer）は「農業者の考え方自体にも世代間の違いがあり、戦後から1950年代、1960年代の農家は、生産量を最大化することに価値を置いてきた。1980年代から異なるアプローチが始まり、この世代は、食料生産と環境、レジャーや他のニーズ（エネルギー生産など）を全体的に考えるようになっている。発想の変換も課題である」と述べた[9]。今後、条件不利地域をめぐる新たな農業政策が導入され、同時に世代交代が進むとことで、イングランドの条件不利地域の農法やそれが作り出す自然資源と景観が変わっていくだろうと思われる。

おわりに

　イングランドの丘陵地農業は不利な農業条件下で、コモンズでの放牧を組み合わせた農業を維持するとともに、特有の景観や生態系を形成しレクリエーション機会の提供をしてきた。この条件不利地域の農業を支えてきたのは農地面積当たり支払いや農業環境支払いという農業補助金であり、同時に環境資源に由来する観光業などの副収入も重要である。丘陵地の農業者は、丘陵地支援のための農業政策が生産への支援から環境への支援へと変化する中で、農業と環境保全との両立に取り組んできている。

　英国はEU離脱により共通農業政策の枠組みから離れ、独自の農業支援策を策定しつつあるが、その支援内容は、農業生産ではなく環境保全を主とする公共財の創出のみに向けられる予定である。その中で、農業者による粗放的な農業への転換や農地の森林への転用などの取組の見られるようになっている。「農業は高い公共財を生産する。家畜はそれを生産するための手段であり、環境という生産物の副産物である。そういう発想の転換が必要だ」というダッチーのグレゴリー氏のコメントは、丘陵地農業の維持の方向を示唆しているだろう。しかし、このイングランドの条件不利地域農業の新たな方向性については、農業の本来の目的であるはずの食料を供給する価値や、農業によって特徴付けられる農村社会はどこへ行くのかと思わざるを得ない。その価値を維持するためには、環境への関心が高い一方で食料生産や農村社会の価値が知らされていない都市住民、納税者にそれを伝える努力が重要なのではないだろうか。

注
（１）Rural Business Research Newcastle University（2018）Farm Business Survey 2016/2017 A summary from hill farming in England.
（２）脚注１と同じ。
（３）ちなみにスコットランドの農村振興計画では、予算額の16.44%が条件不利地

　　域対象事業に向けられている。
（4）2014 – 2020年期間のEUの共通農業政策に基づく基礎支払い制度による。
（5）このインタビューは2019年9月にダートムーア国立公園にて行った。
（6）このインタビューは2019年9月にデボン州のDuchy事務所で行った。
（7）このような研究成果の例として、Clark and Scanlon（2019）Less is more: Improving profitability and the natural environment in hill and other marginal farming systems がある。
（8）The Guardian誌2019年12月27日　掲　載 "Turning farming upside down: mob grazing on a Cumbrian hill farm"。
（9）2019年9月に行ったグロスター大学のJanet Dwyer教授へのインタビューから。

参考文献

Rural Payment Agency（2019）Basic payment scheme: rules for 2019.

Short, C, and Waldon J,（2013）The apportionment of agri-environment schemes monies on common land in England（Report to the European Forum for Nature Conservation and Pastoralism. Foundation for Common Land: Penrith）.

浅井真康・飯田恭子（2019）:「EUの条件不利地域における農業政策」『農林水産政策研究所［主要国農業戦略横断・総合］プロ研資料第10号、第3章』

和泉真理（1989）:『英国の農業環境政策』富民協会

第11章　台湾の自然再生と森林養蜂

梶原 宏之

はじめに

　第１章において、耕作放棄地の再生手法をおよそ６つの類型に分類することを試み、我が国においては未だ積極的な「農業を諦め自然へ還す」事例を見つけることは難しい旨を述べたが、視点を海外へ移せば類似した事例をみつけることができる。そこで、第１節では、台湾においては武陵農地と呼ばれる（元）農地の事例をとりあげる。この武陵農地は、海抜は1,750～2,200mの雪霸国立公園の中に位置する。かつて農業が展開されていたが、自然へ還され、現在はタイワンサクラマスや観霧サンショウウオなど希少種を包有する稀有な自然地域となり、生態系を紹介するエコツーリズムを導入するなど、積極的な耕作放棄地の自然再生の事例とみることができる。

　また、第１章において、耕作放棄地からみた養蜂業の可能性を指摘し、第２章においても国内での具体的な事例を紹介した。そこで、台湾における一般的な養蜂業（特に龍眼蜂蜜）をまずおさえ、次いで本研究が注目する森林養蜂について調査を行なった。すなわち、第２節では、台湾南部の台南市南化区で養蜂業を営む林文忠氏ご一家および台湾農政に詳しい有機農家の黄郁仁・呉比娜ご夫妻への聞き書き調査内容を中心に述べていく。第３節では台湾北部の新北市において台湾でも珍しい森林養蜂を営む簡隆盛氏への現地調査内容を述べる。調査は台南市内においては2020年８～10月にかけて、また新北市においては2020年12月に行なったものである。

第1節　武陵農地の自然公園化とエコツーリズムの展開

1．武陵農地の開拓

　武陵は行政的には台中市和平区平等里（里は日本では小字といった位置づけ）となり、市内にあるようにも見えるが、実際は台湾本島中央部の山深い雪覇国立公園のなかにある。雪覇は台湾5番目の国立公園（台湾では国家公園という）で、台湾第2の高峰雪山と大霸尖山という主要2峰の名前から1字ずつとり1992年台湾政府により命名された。それ以前、日本統治時代には雪山は「次高山」という名前で、1937年に「次高太魯閣国立公園」として日本国内でも成立の早い国立公園の一つであった。当時、次高太魯閣国立公園の総面積は27万haと広大で、武陵地区の海抜も1,750〜2,200mと相当高い地域にわたる。

　こうした標高の高い国立公園内にある武陵においてかつて農業が展開されており、それがいままた自然へ還されようとしている。武陵は雪山という名前の通り雪をかぶった山々に囲まれた細長い谷で、大甲川（台湾中部における一級河川。中国語では大甲渓だが本稿では渓を川と訳す）や七家湾川（大甲川の主要な支流）といった河川が貫流し水資源は豊富である。ここでみら

図11-1　雪覇国立公園（武陵地区は左図当該地域の東辺に位置する）
出所：https://zh.wikipedia.org/wiki/雪霸國家公園

れるタイワンマスや七家湾遺跡などの希少な自然・文化資産を活用すること
で、武陵独特のツーリズムを成立させてきた。特にこのあと述べる農地の自
然への返還については、タイワンマスが重要なメルクマールとなる。七家湾
遺跡は、七家湾川沿いで発見された先史時代（台湾での先史時代はオランダ
人が台湾にやってくる1624年以前の全ての時代を指す）からの遺跡である。
1997年に考古学者が七家湾川流域で発見し、2つの異なる文化層（4,300年
前新石器時代の下文化層および1,200年前の上文化層）から石棺や土器、石斧、
石鋤などの石器文化や建築遺跡、捕魚用具などが大量に出土した。台湾最高
標高で発見された貴重な遺跡であり、台湾東部の海岸地帯から中部山岳地帯
を結ぶ交通の要としての歴史的役割も議論されたが、残念ながら開発により
ほぼ破壊された。当時の居住者たちはここで農耕と漁労を営んでいたと考え
られる。武陵農地は栄民たち（後述）による新たな農業的試みとして始めら
れたものだったが、原住民族たちによる土着的な農耕はかねてから存在して
いた土地といえる。

　そうした土地にどうして「武陵農地」ができたのか。その歴史は1963年5
月、栄民に就業機会を与えるため、ここに農業生産とツーリズム展開のため
の事業を置いたことに遡る。この栄民とは栄誉国民の略称で、中華民国（台
湾）の退役軍人のことである。台湾では山岳地帯に多くの原住民族たちが暮
らしているが、武陵には原住民族が
少なく、土地収用に関する紛争を比
較的回避できると期待されたことが、
この地が選ばれた理由の一つでもあ
る。台湾政府は、1959年に「台湾栄
民農墾服務所隷轄之武陵墾区」を設
立し、辺り一帯の森林を切り倒した。
切り倒した面積は1,000公頃（10余
km²）を超えるともいわれる。当時
はそうした行為は賞賛されるべきも

**図11-2　武陵農場開墾当時の様子を伝え
るテレビニュース（2007年5月）**
出所：https://news.tvbs.com.tw/local/
324495,2019年1月10日閲覧

のだったが、現代では貴重な自然を切り開いたのかと批判されるだろう。栄民たちは、高冷地特有の気候及び地理的条件を利用して、落葉果樹や高冷地夏野菜（特に高原キャベツ）を栽培してきた。

2．武陵農地における農業の終焉

武陵農地が最後に有していた耕作面積は1.5km²とされるが、今では 9 haだけを農業教育のために残し、あとは全て自然景観のために転換した。かつて至る場所でみられたキャベツや果物を栽培する姿や、そこを訪れるグリーンツーリズム客らの姿はもう見られない。環境保護の声が高まるにつれ武陵農場も1990年よりその農業経営形態を徐々に変え、そして2007年ついに正式に農業に終止符を打った。

農業が放棄された背景について、2つの点を指摘したい。一つは、台湾中部を訪れる観光客らの激減である。特に大きな契機となったのは1999年 9 月21日の「921大地震」で、これは台湾中部の山岳地帯を襲ったマグニチュード7.6の、20世紀最大の大地震であった。この地震による死者は2,415人、負傷者は11,305人である。この震災以降、台湾中部へ向かう中横公路が崩れて封鎖され、完全に復活されたのは2018年11月16日である。台湾の人々にとってこの921大地震の記憶は未だ生々しく、台湾中部へ対してはこうした眼差しが向けられる。武陵は比較的被害の少なかった地区であるが、それでも他の地区と同様に見られたことで、いわゆる風評被害的なダメージを受けたことが背景にある。

もう一点は、台湾政府が掲げた「国土復育政策」の存在である。武陵はこの政策に積極的に呼応し、農地を森林へ返すことで、台湾最初のモデル地区となった。国土復育政策とは台湾の国土保育に関する、いわゆる「国土三法」の一つとされた法律である。ただし台湾の「国土三法」は時代によって中身が違うことに留意する必要がある[1]。台湾では、自然回帰への議論は大きな自然災害が契機として起こっており、武陵農地も大地震による公道封鎖を契機として、2000年代後半に新たな時流である自然保護や生態系復活の路線

へ乗ろうとしたものと指摘できる。

図11-3は、2007年にTVBSという
テレビ局が伝えた武陵農場のニュー
スである。画面左上「中横」は台湾
を東西に横断する中央部分で武陵を
含む一帯のこと、「拼生計」は懸命
に生計を立てるという意味である。
また下段上の文は「花や鳥を愛でる
緑地へ変化」、下段下の文は「山林
を急いで救え！武陵農場はスタイル
を変え観光へ」といった意味になる。

図11-3　武陵農場の自然復帰を伝えるテ
　　　　レビニュース（2007年5月）
出所：https://news.tvbs.com.tw/local/
　　　324495，2019年1月10日閲覧

ここに、先にあげた「国土復育条
例」の難しさがある。条例ではたと
えば標高1,500mを超える高山では
栽培が規制されるが、高山茶など高
地農業は盛んであるため、多くの農
民たちの抵抗にあう。武陵地区にお
いても、政府が当該条例を成立させ
るならば、その損失に対する補償を
同時に用意せねばならないと主張し
ていた。武陵地区で農業を放棄する

図11-4　農業収入の損失を伝えるテレビ
　　　　ニュース（2007年5月）
出所：https://news.tvbs.com.tw/local/
　　　324495,2019年1月10日閲覧

ことによる経済的損失は、およそ6,000万元（約2億5,000万円、2021年11月
17日換算）と見積もられていた。しかし、農業を放棄して自然へ戻しても良
いという風潮となったのは、新たな自然観光による収入がそれを補い、回復
することに対する期待が高まったからである。近年、その損失分は徐々に補
填されつつあるという（図11-4）。

3．エコツーリズムの展開

　1.5km²あった武陵の農地が現在9haだけとなったことは前述したが、ここには農業の放棄を最後まで抵抗した分も含まれていると推測される。その僅かな農地を除き、武陵農場はグリーンツーリズムからエコツーリズムの聖地へと経営方針を転換した。2021年11月現在、武陵農場は入場料として一般平日130元（約536円、同上）、休日160元（同660円）を徴収している。

　武陵農地の農業放棄を受け、台湾政府は早速この地域の生態系復元に取り掛かった。雪覇国立公園管理所が管轄して自然回復プロジェクトを組み、地元の国立中興大学生命科学系の林幸助教授を中心とした調査チームへ調査研究を委託した。その結果は2012年12月、676ページにもわたる膨大な成果報告書としてまとめられている[2]。自然科学者らが現状を把握し、次いで施政者が自然回復の法的環境を整備するための最初の基礎固めを行なった。その後も継続して武陵農地の環境計測は進められた。2015年の報告によれば、農地回収後の環境、特に水質が明瞭に改善されたとある（台湾好新聞報、2016年1月20日）。武陵の農業が長年にわたり化学肥料を大量に使用してきたため、河川が汚染され、土もやせ細り、原来の植物たちが自生するだけの土壌養分が失われていた。硝酸態窒素を例にとれば、河川中の硝酸態窒素濃度は2.2mg/Lにまで達していた。これが2015年の観測では0.1〜0.5mg/Lまで減少した。またプロジェクトチームは土壌のpHを計測し、土壌菌や菌根類

写真11-1　武陵農地エントランス

http://www2.wuling-farm.com.tw/tickets/index.php, 2019年1月11日閲覧

の接種試験を行ない、原生植物の発
芽試験を継続している（**写真11-2**）。

４．タイワンマスの生息

　当局が水質に気を遣い「良好な生
息環境を取り戻しつつある」と言及
しているのは、台湾桜花鉤吻鮭を念
頭に置いているからである。台湾桜
花鉤吻鮭とは日本語でタイワンマス
と呼ばれるサケ目サケ科の魚であり、
16度以下の冷たい渓流がある武陵に
のみ生息する。1930年代には６つの

**写真11-2　武陵地区の自然回復プロジェ
クト（雪覇国立公園管理所撮影）**
台湾好新聞報、2016年１月20日版
　　https://www.storm.mg/localarticle
　　/78952,2019年１月８日閲覧

支流で観測されたものの、1980年代以降は七家湾川でのみ確認されるに至り
（小林ら、2006年）、この50年で激減した希少種といえる。台湾ではその希少
性に加え、生活習慣が他の魚とは極めて異なるため「国宝魚」と呼ばれてい
る。また、台湾紙幣の2,000元札裏の図案もタイワンマスであり、台湾がこ
の魚へ注力している様子がうかがえる（**図11-5**）。

　タイワンマスがこれほど減少する前、1937年の次高太魯閣国立公園成立前
後からすでに台湾総督府（当時はまだ日本統治時代）はこの魚の希少性に気
づいていたとみられ、1938年に他のサケ科魚類の放流禁止や繁殖期の漁獲禁
止などの施策を実施したという。しかし、1980年代からの発電用ダムや砂防

図11-5　台湾の紙幣や切手の図案に描かれたタイワンマス

ダムの建設、流域山林の開発などにより急激に減少し、数百尾まで数を減らした（小林ら、p.33）。1984年に希少種に指定、保護されることになり、さらに5年後の1989年には台湾農業委員会により絶滅危惧種に指定された（野生動物保護法に基づく）。

　亜熱帯である台湾に冷水性のサケ科魚類がいたことは「驚愕に値する」（小林ら、p.32）。

　その理由は、およそ5万年前の氷河期時代、台湾海峡を寒流が南下していた頃にこの地へ遡上したものが、その後台湾島が隆起し、地球の気温が上がり河川が短くまた急になり、河川争奪が起こるなどの理由により、陸封されて残ったものと考えられる（小林ら、p.33）。現在タイワンマスが生息している流域は、大甲川の源流・雪覇国立公園内の標高1,800〜2,000mの最上流域、それも約5km範囲にのみ限ってみられる。そこは大甲川の上流でも勾配が比較的平坦な場所であり、そのことがここだけに生き残った原因の一つとなったとも推測しうる（大島、1936年）。

　タイワンマス生息地については、1992年に雪覇国立公園となり、1998年に七家湾川も自然保護区に指定された。1997年には大甲川上流部に「タイワンマス保護所」を建設、タイワンマスの生息環境改善および魚道整備や放流事業が開始された（2006年には雪覇国立公園タイワンマス生息センターとなり運営が継続）。

5. 観霧サンショウウオの生息

　タイワンマスと並び台湾当局がここで重視している生物にサンショウウオがいる。観霧地区に生息しているため観霧サンショウウオと呼ばれている。観霧地区も観霧国立森林遊園区として雪覇国立公園内にある。観霧サンショウウオは夜行性両生類で、タイワンマスと同じく台湾中北部の海抜1,300m以上の山間部に分布する、氷河期から生き残ってきた希少種である。観霧地区で初めて発見されたため、2008年正式に「観霧」という名を冠した新種名として発表され、同年行政院農業委員会により絶滅危惧種とされた。

　観霧サンショウウオの保全が危惧されたのは、その希少性のみならず、こ
こでも自然災害が契機となっている。生息地が2004年の台風により深刻な被
害を受けたためである。そのため雪覇国立公園管理所は、ビジターセンター
周辺の火災跡地を試験生息地として利用する計画を進めた。それから４年に
わたる試行錯誤の結果、試験生息地において次々と新しい個体の誕生に成功
している。こうした成功例を受け、2011年には世界棲息地復育協会のサイト
にも登録され、2012年４月21日には観霧サンショウウオ生態センターも開館
させている。

　以上の事例は自然災害が一つの大きな契機となっていたこと、また中国大
陸に対する台湾の地政学的位置とそこから軍人生活の支援という独特な背景
もあるため、そのまま日本と比類することはできない部分もある。しかし武
陵農場は現在、タイワンサクラマスや観霧サンショウウオなど希少種を包有
する稀有な自然地域となって、そうした生態系を紹介するエコツーリズムへ
変貌する、積極的な耕作放棄地の自然再生の事例とみることができるだろう。

第２節　台湾の養蜂と耕作放棄地対策としての蜂蜜生産

１．台湾における蜂蜜の概要

　本節では台湾南部の台南市南化区で養蜂業を営む林文忠氏ご一家および台
湾農政に詳しい有機農家の黄郁仁・呉比娜ご夫妻への聞き書き調査の内容を
中心に述べていく。

　台湾には、日本の養蜂振興法のような法律はない。そのため、誰でも自由
に養蜂を始めることができ、届出を出す必要もない。法律があるとすれば、
使ってはいけない農薬の関連法くらいであろう。

　台湾の蜂蜜は義大利蜂（イタリアン）が多い。他方、台湾人が最も好む蜂
蜜は龍眼蜂蜜であり、味も良い。次がライチの荔枝蜂蜜、そしてこれら以外
の野の花全部の蜂蜜（百花蜂蜜と呼ぶ）であって、この順序で価格も下がる。
龍眼は熱帯の果実であり、台湾でも有名な産地はほとんど中南部である。そ

写真11-3　龍眼の木（左）と龍眼蜂蜜の販売（右）
出所：台湾行政院農業委員会、台南市内のスーパーで2021年11月撮影

のため台湾で養蜂を考える者は、この龍眼蜂蜜の生産を考える。そして、一般的な養蜂では、25の蜂箱でドラム缶1缶分（200リットル）の蜂蜜をとっている。ただし、ハチは野の花が咲く時期に子を持って数が増えるが、冬の間、花がない時期には数は少なくなる。そのためハチの数は年中同じではなく、時期に応じて変化する。

　野生蜂は中国蜂や野蜂と呼ばれるが、これを飼育する者は少ない。理由は、飼育しにくく、容易に逃げるうえに、蜜の生産量も少なく、価格も低かったからである。そのため、2000年頃より前は、養蜂は職業ではなかった。台湾では米が年に2回収穫できるので、その端境期の11〜1月頃に簡単な養蜂をしていた。多くの者は蜂蜜会社へ収穫した蜂蜜を持ち込んで売っていた。2010年頃になって、蜂蜜の価格も上がるようになったが、参入者の多くは兼業なのでその増加は徐々であった。そして、専業の養蜂者が現れると、花を追って遊牧（移動のこと）するようになった。

　養蜂の年間スケジュールは、次のようなものである。

9月〜10月下旬：高雄県の甲仙（平地）へ行き、埔鹽花の花粉を集める。

10月下旬〜12月：南投県の竹山の桶頭（海抜1,000くらいの山地）へ行き、そこにある茶の木から花粉を集める。

12月〜1月末：雲林県の林内（平地）へ行き、油菜花の花粉を集める。

1月末〜旧暦春節：休み（1〜2週間くらい）

春節後～3月：自宅で蜂王乳（ロイヤルゼリー）をとる。

3月中旬～清明節（4月初旬）：ライチから蜂蜜を集める。

清明節（4月初旬）～5月中旬：自宅近くで龍眼から蜂蜜を集め始める。徐々に台湾中部へ移動しながら、引き続き龍眼の蜂蜜を集める（苗栗以南。苗栗以北になると寒冷で龍眼がないから。もし移動しなければ休む。）

5月中旬～9月：ロイヤルゼリーをとる。

　なお、ハチを連れて行く場所は毎年決まっており、長年の付き合いで借地代などはなく、お礼に花粉や蜂蜜などを提供する。行く前に連絡するのは、蜜源の農家ではなく、ハチは遠くまで飛べるため、ハチを置かせてもらう土地の地主である。

２．龍眼蜂蜜の生産

　台湾の蜂蜜は龍眼が多い。龍眼の木は、以前はどこにでもあり、蜂蜜を取りやすかったからである。龍眼蜜は、他の花からの蜂蜜に比べて粘度があり、香りが濃い。だから台湾人は好んでいる。しかし、最近、マンゴーの価格の方が龍眼よりも良いので、多くの栽培農家は龍眼からマンゴーへ切り替わり、龍眼は少なくなっている。その場合、龍眼は高木なので農薬も使いにくいが、マンゴーは農薬を使うので蜂蜜を取ることはできない。

　繰り返しになるが、龍眼農家は、花が咲く時期に、養蜂農家へ土地を貸すなど協力体制を結んでいる。龍眼農家は龍眼の花蜜を提供し、養蜂農家は生産した蜂蜜や関連商品などを提供し、現金でのやり取りはせずに、互いの商品を交換所有する。たとえば龍眼農家が蜂蜜商品を所有し、龍眼ドライフルーツ商品を養蜂農家が所有する。この関係は、その生業が家族経営のものであるほど、長年の互いの家族交流、すなわち共利的共存関係を維持している。そして養蜂農家が訪れる時期がくれば、農薬の使用を控えるなど協力体制をとる。また台湾では黒糖を作るのに必要な薪には龍眼の木を用いており、これを伐る仕事をしてくれれば、借地代は不要などとするところもある。

3．蜂蜜ビジネスの多様性

　台湾の兼業養蜂農家たちの多くは稲作農家であり、同時に果物や野菜を栽培しており、それにあわせて養蜂も行なっている。そのため、それら農産物を総合的に組み合わせた商品（与人合併製品）も生産販売している。また、台湾には生態服務系統（生態系サービスシステム）といって、養蜂農家たちが役割分担する仕組みもある。たとえばある農家は受粉専門、ある農家は採蜜専門、ある農家は蜂王乳（ロイヤルゼリー）専門といったような役割分担である。

　台湾の養蜂家のビジネスは、1）花粉、2）蜂蜜、3）ロイヤルゼリーの3種が主要である。特に、花粉を産品として重用する点も日本とは異なる。花粉はそのまま食べたり、例えばアイスクリームやデザートに粉末をかけたりして食べる。さらに副産品もある。蜂蠟（蜜蝋のこと）だが、これは化粧品などに使われる。

　近年では、タイ北部へ進出する台湾人養蜂家もいる。台湾では前述したように収穫時に雨が降ることが問題だが、タイではその心配が少ないからである。

4．耕作放棄地対策としての養蜂

　台湾には、休耕地に関して、休耕条款がある。

1）短期休耕対策としては、台湾政府が肥料となる花の種を無料で農家に提供する。例えば11～1月の農閑期などに、油菜花（菜の花）の種子などを提供する。

2）長期休耕対策としては、台湾政府が補助金を出す制度がある。台湾政府は農家と契約を結び、山間地であれば、例えば20年間造林して、農家は20年間収入を得る。平地であれば、台湾政府は休耕転作補助金を与える。農地を住宅地など転換するのを止めることが目的とされ、数年間の対策だったらしいが、政策が開始されてから20年も経っている。なお、この

　補助金の方が農業所得よりも大きいという。

　仮に、休耕地や耕作放棄地に花を植え、その利用権を養蜂農家へ貸与する案について、台湾では、それだけでは成立は難しいと考えられる。おそらく、別の無料の場所や公園へ流れるだけだろう。そのため、特別な花でなければ、フラワーガーデンのような観光園にて養蜂を組み合せ、関連商品を観光客に売るような６次産業化なら可能かもしれない。龍眼を植えて養蜂農家に貸すことは、龍眼蜂蜜の価格は上がってきているとはいえ、龍眼そのものの価格は安いため、休耕地に龍眼を植えても儲からないからである。

　台湾でも、将来は耕作放棄地の問題が出てくるかもしれないが、今のところ農地は高く売れるため、農家は困ってはいない。台湾人は、日本人のような「先祖代々の土地は何としてでも死守しなければ」という意識は強くない。高く売れるチャンスが来れば、たやすく売るだろう。台湾は狭いので、リゾート開発会社や、中国大陸や香港人たちなども含めて、農地を欲しがっている人は多くいるからである。

第３節　台湾における森林養蜂

１．林森養蜂を始めた経緯と森式紅淡比蜜の販売

　本節では、台湾北部の新北市において、台湾でも珍しい森林養蜂を営む簡隆盛氏からの聞き書き調査内容について述べる。養蜂家は西洋蜂を飼っている者が多く、簡氏のように野生蜂を飼っている者は稀である。そのため、今では野生蜂飼育の指導者として声をかけられるようになっている。

　簡氏が養蜂を始めるよになった経緯は以下の通りである。簡氏の先祖は180年ほど前に福建から、この東北角にやって来た。この地の海抜は200mほどあり、ここから見渡せる山々は全部祖先の土地である。棚田が多く、また日照量が足りないため、いい米は取れない。米を収穫したあと、冬は毎日雨が続き湿気が高くて、晒穀場（米を乾かすところ）も苔むしていた。しかし、夏は雨が降らず、水がないときは、乾田にサツマイモを植えたり、養豚で収

入を得たりしていた。

　簡氏は、4歳の時この地を離れ、台北でインテリア・デザイナーとして働いていたが、身体を壊して帰って来た。そのときは、養蜂を始めるつもりはなかった。農地は40～50年放棄されていていたが、先祖の土地であるので借地料を払う必要がなく、ここに暮らすことにした。まず棚田を再び起こして、養魚を始め、茶も植えて、なんでも収入にしようとした。しかし、先祖の土地なので、その自然を壊したくなかったし、自分もその自然の一部として暮らそうと思った。その思いから、山の下から家を結ぶ小道も、細くて険しいが、自然のままにしている。

　ある日山を降りたとき、野生蜂の巣箱を売っている人から声をかけられ、2群のハチと巣箱を買った。この地域には、紅淡比樹という木がたくさんあり、湿気が高くても関係なく蜜が取れるので、蜂蜜はこの木の花から取ることにした。その蜂蜜を「森式紅淡比蜜」と呼び、東北角で6～9月にだけ取れるものである。インターネットで販売しているが、過度なビジネスにしようという考えは、今も当時もなく、取れただけを売っている。

　紅淡比蜜が主な産品であり、夏の収入となる。価格は、龍眼蜂蜜が700gで500元（2,270円、2022年6月18日のレート）であるのに対し、森式紅淡比蜜は1,100～1,200元（5,000円～5,450円、同）で販売できる。森式紅淡比蜜は、香りが軽く、わずかに酸味があり、生産量はごく僅かである。そのため顧客は大きな関心を払っている。たとえば本当に天然ものか、純度は信用できるか、生産者から直接買えるかなどである。顧客は小規模農家のサポーターであり、こうした消費者のみが比較的高めな価格でも納得して購入している。

　このほか「鴨脚木冬蜜」と「森林百花蜜」の蜂蜜も販売している。鴨脚木冬蜜は台湾北部だけの木で、700gを1,500元（6,800円、同）で売れる。その他、森林内の花から蜜を集める森林百花蜜は春の収入で、これも紅淡比蜜と同じ金額で販売できている。

２．野生蜂を育てる理由

　西洋蜂と野生蜂の違いは、野生蜂は必要な蜜や花粉の量を知っていて、それ以上には取ってこない。また寒すぎても出て行かない。他方、西洋蜂はいつも懸命に蜜を集めてくる。そのため、野生蜂には花粉やロイヤルゼリーの収入がない。しかし、西洋蜂は蜜源が足りないとき砂糖を与えねばならないが、野生蜂はその必要が少ない。さらに野生蜂の蜂蜜の方が栄養価が高い。また、天敵が来たときには、西洋蜂は全滅するまで向かっていくが、野生蜂は戦うハチだけが向かっていき、そのほかは隠れている。

　野生蜂は飼育が難しく、また逃げられやすいので、これは大きなチャレンジだった。しかし、このチャレンジが面白い。ただし、台湾の食品法では、養蜂に関わる部分は第1305条だけであり、その内容も龍眼蜂蜜のみである。他の蜂蜜に関しては記載がないので、その他の養蜂に関しては法律がないと言ってよい。そのため養蜂農家たちは、問題があれば、自ら解決しなければならない。

　また、野生蜂を育てる理由としては、森林養蜂を専業でやっている者は少なく、取れる量が少ないので、高く売れるからである。最近では、台湾人がタイで龍眼蜂蜜を生産し、台湾へ輸出しているため、供給過多になっている。それに対して、森林蜜はその心配がないことも、野生蜂を育てる理由の一つでもある。

　ここで、森林養蜂に関する年間のスケジュールをみておくと、次の通りである。

　６〜７月：紅淡比蜜の採蜜。取れた量を計り、インターネットでの販売

　７〜11月：虎頭蜂（スズメバチ）の駆除や、ハチたちの世話

　11月〜立春：ハチの繁殖と冬の採蜜

　立春〜６月：ハチの繁殖

　一般的にハチの寿命は40日間、最長で３ヶ月。11月頃が最も数が少なくなる。台湾では、野性蜂の繁殖期は冬から春にかけて２回あり、６月に生まれ

たハチを見て、その年の蜂蜜の収穫量を大まかに計算する。

3. 簡氏の農業観

　簡氏は、自分は特殊な事例であり、祖先の土地に帰ってきただけで、その土地は生産性が高くなく、新規農業には不向きだから、この場所だからこそできる農業形態を模索したという。紅淡比蜜はその一つであるが、他の農産品とも組み合わせて仕事をしていく必要がある。たとえば、苦茶樹の木を植える。これは苦茶油といってその種から油が取れて高く売れる。また、蓮霧の木を植える。一般的に蓮霧は台湾では冬の果物だが、ここは寒いので夏でも採集でき、よって価格は高くなる。あるいは鶏を養う、魚を養殖するなど。紅茶を植えて有機で育てるのもよい。紅茶は、収穫量は多くないが、農会の農業補助金を受け取ることができる。そのほかには、野生蜂を育てているが、指導料や講師料が入ることもある。これらはすべて土地の自然に負担をかけない農業形態である。

　簡氏は病気で帰って来たため、安心安全は最も大切な点である。自分で食べるものだから有機栽培で、農薬は使わない。農薬で蜜蜂が死ぬ問題は台湾でも多々あるが、遠くまで出かけて農薬の被害に遭うのは主に西洋蜂であり、野生蜂は遠くへは行かないので、そうした被害は少ない。

　最近の問題はスズメバチだが、問題は毎年変わるので、将来の問題は分からない。子どもたちが継いでくれかどうかもまだ分からない。椎茸を栽培する農家が多いが、ホダ木を伐り出して並べるだけでも大変な労力である。6〜7年前に植えたことがあるが、忙しすぎてやめてしまった。

おわりに

　本章では、耕作放棄地の自然再生の視点から、退役軍人に就業機会を与えるため、国立公園にも指定されている高地を開墾して入植した武陵農場の事例を取り上げた。この武陵農場は、当初、落葉果樹や高冷地夏野菜（特に高

原キャベツ）を栽培してきた。その後、農業を生かしたグリーンツーリズム
を導入してきたが、大規模な自然災害による入り込み客の激減と環境保護の
声の高まりのなかで農業を縮小させてきた。現在は、タイワンサクラマスや
観霧サンショウウオなど希少種を包有する稀有な自然地域として、生態系を
紹介するエコツーリズムを展開しており、積極的な自然再生の事例とみるこ
とができる。

　また、本書では耕作放棄地の新たな展開方向として、養蜂の可能性を述べ
たことを受けて、台湾における一般的な養蜂業と森林養蜂をとり上げた。特
に、簡氏の森林養蜂は多くの示唆を与える。農地を放棄し、自然へ還したと
き、完全に人の手を引き上げるのではなく、その自然生態系をそのまま用い
て粗放的、二次的な生態系として活かせる可能性を示しているからである。
同じ台湾の黄夫妻が例示した養蜂や6次産業化の可能性とは異なるものの、
これも6次産業化が成立した事例と見ることができよう。

　この簡氏の事例は、最初から積極的な森林養蜂を意図したものではなく、
山に生きる者としての、生業複合的な山の暮らしの一つとして登場した形態
であった。つまり養蜂のみによらず、他の生業と複合することにより成立し
得た零細な形態ではあった。しかし山に自生する自然の花々から集めた百花
蜂蜜は、龍眼蜂蜜に比べ安く叩かれがちであるなかで、簡氏の産品は、高価
格を維持できている。また、養蜂業は蜜源を求めて広域に移動してしまうた
め、特定の地域振興という点において課題があったが、簡氏の森林養蜂はそ
うした課題をも乗り越えられる要素がある。我が国においても、まずはこう
した二次的生態系を活かした粗放的な農的利用および6次産業化が現実的な
生存戦略の一つと考えられる。

注

（1）「新国土三法」とは「国土計画法」「国土復育条例」「海岸管理法」の3つを指
　　していたが、2008年に政権が民進党から国民党へ政権が戻った際に「国土復
　　育条例」が保留され、代わりに「湿地保育法」が加わって「新国土三法」と
　　改称された。その後「湿地保育法」と「海岸管理法」が施行されてからは、

未だ成立していない「景観法」及び「海域管理法」、さらに長年保留されている「国土計画法」をもって「国土三法」と称している。そのため台湾で「国土三法」というときには注意が必要である。件の「国土復育条例」は、2005年に行政院で立案されたものの、立法院で反対されて頓挫したが、2009年8月に台湾中部を襲った「八八水災」（死者681人）を契機に再び議論が再開され、「国土計画法」に組み込まれる方向で論議されたものの、2011年に再び保留された後、議論は進んでいない。

（2）報告書は『武陵地区渓流生態系復育観測及び研究成果報告書』と題し、以下の12章からなる。

　　第1章　資料整合／第2章　藻類研究／第3章　物理棲地研究／第4章　水質研究／第5章　七家湾渓一号壩壩体改善工程水文泥砂監測／第6章　浜岸植群監測／第7章　水生昆虫研究／第8章　陸生昆虫研究／第9章　両生・爬虫類研究／第10章　台湾桜花鈎吻鮭族群監測と動態分析／第11章　鳥類研究／第12章　生態資料庫建構

　　章立てから分かる通り、これは環境アセス的な生物多様性の総合調査である。

参考文献

大島正満「大甲渓の鱒に関する生態学的研究」『植物及動物』4（2）、pp.337-349、1936年。

小林美樹・矢部浩規・村上泰啓「亜熱帯地方における台湾大甲渓に生息するタイワンマス（Oncorhynchus masou formosanum）の現況について」『寒地土木研究所月報』636号、独立行政法人北海道開発土木研究所、pp.32-43、2006年。

第12章 韓国の事例にみる自然再生と農業
—生物多様性保全のための地域指定制度—

和泉 真理・梶原 宏之・黒川 哲治

はじめに

　韓国では、未だ耕作放棄地の積極的な自然再生を全土で進めているわけではないが、地域によって結果的に農地を積極的に原自然へもどしたり、あるいはむしろ原自然の生態系を活用したような農業形態がみられる。今回取り上げるのは全羅南道スンチョン市および慶尚南道ハドン郡である。

　スンチョン（순천, Suncheon, 順天）は著名なツルの飛来地であり、スンチョン市南部の沿岸部にその生息地となる湿地が広がり、ラムサール条約の登録地となっている。市北部はそれを目当てとするエコツーリズムの拡大もあって都市化が進み、その中間に農地がバッファゾーンとして横たわっている。現在この農地では実質コメ以外の農耕はできず、これと関係のない土地は稲作農地とするか、原自然（湿地）へ還されることになっている。

　一方、ハドン（하동, Hadong, 河東）は、山林地帯に高麗時代から続くともされる野生の茶樹が残存しており、これらを新しい品種に植え替えることなく、そのまま原自然を活用することで世界農業遺産への登録につなげることにも成功した事例である。しかし山岳ツーリズムの登山口としてスプロール的な開発などの問題にも直面している。

　本章は2017年にこれら2ヶ所において行なった現地調査結果をまとめたものであり、日本の耕作放棄地と自然再生を考えるうえで示唆を与えるものと思われる。

第1節　スンチョン湾周辺の農業と自然再生

スンチョン湾調査は2017年9月9
日に行なった。現地ではスンチョン
市役所スンチョン湾保存課のチェ・
グンムク課長（채금묵, Chae Geum-
mook）、同課のファン・ソンミ氏（황
선미, Hwang Sun-mi, 湿地生態分野
担当）らのプレゼンを受け、現地湿
地調査中はJames Cho氏（英語通訳

写真12-1　スンチョン湾干潟の景観

者）らの解説を受けた。また現地農家でもあるスンチョン湾保存会のチョン・
チョンテ会長（정종태）宅も訪問し、農地でお話をうかがった（所属と肩書
きはすべて調査当時のもの）。

1．スンチョン湾の湿地保全の概要と経緯

スンチョン湾は全羅南道のスンチョン市南部、海に面した河口に広がるア
ジアの優れた湿地であり「世界五大沿岸湿地」の一つとも称される[1]。
2006年、ラムサール条約（正式には「特に水鳥の生息地として国際的に重要
な湿地に関する条約」）に登録され[2]、2011年発行の「ミシュラングリーン
ガイド韓国編」でも最高点の三ツ星がつけられた著名な観光地でもある。
28km²の干潟に2.3km²のアシ原が広がり、230種もの野鳥が観察され、越冬
のため南へ向かう渡り鳥たちの中継地である。スンチョン市は、こうした湿
地が市南部に広がり、市街地は北部に位置している。多くの観光客たちが北
部から南部へ移動する流れとなり、旅館やレストラン街などが北の都市部か
ら湿地境界付近にまで迫る。農地は南部の湿地を取り巻くように、北部の都
市部と南部の湿地の間に広がっている。本調査で注目したのはまず、こうし
た世界的な干潟保全と現地の農業との関わりのありかたである。

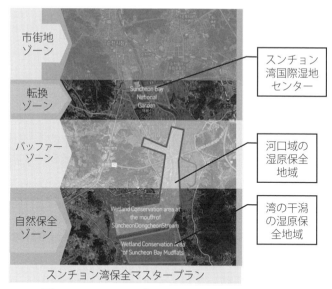

図12-1　スンチョン市とスンチョン湾のゾーニング
出所：スンチョン湾保全マスタープランから

　市役所保存課では当初、スンチョン湾の豊かな自然を保全するためのさまざまな調査や取り組みを行なっていたが、そうした中で周辺農地および人間社会の営みが渡り鳥たちに与える影響が無視できないことに気づくようになった。約10年前（すなわち2007年前後）から、干潟保全を考えるためには、周辺の農地も良好な状態でなければならないと考えるようになった。鳥たちは湿地周辺で休むし、餌は周辺農地でも食べる。農地だけでなく、河川の問題も大事である。河川（トンチョン、東川）は都心から8kmほどしか離れていない。都市から流れてくる排水や汚濁水の問題はただちに湿地の状態に影響を及ぼす。スンチョンは有名な観光地になり、そのため多くの観光客が訪れるようになったが、これ以上都市が肥大化しないよう、都市の拡張を食い止めねばならない。ただし観光ももちろん必要なので、都市と湿地をどうつなぐかが問題である。また逆に、湿地の動物たちがどれだけ都市部へ飛ぶのかも調査せねばならない。

この課題への対応として、スンチョン市では、2007年に都市計画のマスタープランを作成し、ゾーニングを行なった（**図12-1**）。2013年にスンチョンでフェスティバルが開かれたとき、都市化の防波堤として、また上流での生物の休憩場の役割もかねて50万坪の面積の国際湿地センター（湿地庭園センター）を作った。このセンターより下流の都市と干潟の間に広がる田園地帯をいわゆるエコベルトとし、アパートなどが建たないように規制し、都市の南方への拡大を食い止めている。今日では年間550万人の訪問者がこのセンターを訪れ、スンチョン湾干潟には190万人が訪れている。

２．スンチョン湾周辺の農業と湿地保全との関わり

（1）周辺農地の保護対象地域への追加

湿地自体は2016年のラムサール条約登録や、韓国の湿地保護法により保護されるが、湿地と都市の間に広がる農地の問題はこれらからとりこぼれてしまう。そのため2015年に地元農民たちの協力を得て、ラムサール条約の保護地を周辺農地まで追加して保護の網にかかるようにした。これにより国による湿地保護地域も湿地のみならず農業地帯まで含まれるようになった。現在、この対象となっている農地では農業以外の営みは許されない（ときどき農業倉庫などの用途はあるものの）。それ以前にあった農業以外の建物は、今後は撤去されたあと、湿地にするか農地にするか決められる。すなわちここに、いわゆる耕作放棄地の扱いようが関わってくる。農家は農地ではコメのみを生産し、ハウスでセリなどを作り所得補填を図っている。

（2）有機米の生産とエサなどへの活用、電柱の除去

2009年からは、有機農法に対する支援が行われている。90の農家が参加し、59haで行われている。有機農法に対しては生産量にかかわらず市が全量を買い上げ、しかも70％は前払いされる。これは、農家が生産性を高めようと農薬や肥料を勝手に施すことはできないからである。環境省からも有機農業に対して助成されている。ラムサール湿地都市認定を見込んで、有機農業を

さらに拡大させるために、スンチョ
ン市は農業者を説得しているところ
だそうだ。スンチョン市としては地
域内の農業者全員に取り組んでほし
いと考えている。有機農業に取り組
んでいる90農家は「鶴営農団」とし
て、生産されるコメはツルのマーク
をつけてブランド化されている。

写真12-2　ツルのマークをつけて販売
　　　　　されているコメ

　買い上げたコメの一部は、市が委
託して冬のあいだ鳥たちの餌として
撒くようにしている。撒くのは農民たちの仕事である。この地域の農家は冬
の間はあまり収入源がないので、雇用の創出の効果もある。有機農米なので
市が高く買う。こうしたやりかたは日本の出水市で習ってきたそうだ。

　湿地周辺には電柱もたくさん立っていたが、鳥たちが電線にひっかかって
年に2〜3羽死ぬので、200本ほどあった電柱をすべて撤去した。電柱は元々
農業用水施設を稼働させるためのものであり、当初住民からこのような動き
への多少の不満表明はあったが、市は用水のためのパイプラインを設置し、
住民は趣旨を理解した上で最終的に納得したと農業者であり住民協議会の会
長でもあるチョン・チョンテ保存会長は語った。住民参加が始まった当時は
NGOや市民が主体で農家の参加はなかったが、2005年頃から徐々に農家も
参加するようになったという。農家は以前は農薬を使い、ツルも邪魔だと追
い払っていたが、現在では状況は大きく変わった。チョン・チョンテ会長に
よれば、市からの支援策による収入増というものはそれほど大きくはないが、
農家がこの地の自然環境とそれを保全するための自分達の取り組みに誇りを
持つようになったとのことだ。住民が集まって活動することで、地域内の繋
がりも強くなり、農業者以外の意識も高まったという。

3．農業者・住民の参加した一体的な取り組みの推進

　第13回ラムサール総会で、ラムサール湿地都市認定システムができた。これに認定されると、農業・漁業をやりながら環境保全に取り組み、ブランド価値を利用することができる。さらに自らの農産品を湿地保全と合わせたブランド化することも期待できるようになった。これにより彼らの農産物の認識も高まり、収入も増える。スンチョン市は2007年に市の鳥をナベヅルにした[3]。そしてツルを指標にした「人の健康、鳥の健康、都市の健康」をうたうようになった。そして同年、スンチョン湾湿地委員会をつくり、その下にいくつか小さい小委員会もつくって、住民みずから審査できるように整えた。条例までつくって実践しているのはスンチョン市だけである。ツルに関する政策を増やしていくほどツルの数も増えていった。

　こうした施政方針に大事なことは、住民の参加である。このことは1992年以降呼びかけている。政策は市がつくったとしても、実際に動くのは住民だからだ。それでこれまで住民の活動グループもさまざまつくった。また、逆に住民だけでは対応が難しい場合、助言を行なう委員会もつくってサポートできるようにした。市が生態館をつくったとき、観光客がたくさん来て市は活性化したかもしれないが、市民はそれが何を意味するのかよく分かっていなかった。住民にはメリットはないではないかとの声も上がった。それで市民シンポジウムやワークショップを開き、地域住民の協議会もつくった。2014年には条例で、生態館2箇所関連売上の10%を住民にも返すようにした。指定農地のために毎年年間10億ウォン予算を組んだ。農民たちへの直接支払いもあるし、教育事業費などもそれに含まれる。湿地周辺のゾーンに住んでいる住民たちはおよそ3,300人、そのうち70%が農家である。これはスンチョン市人口全体の1.2%に相当する。スンチョン市の農地と干潟は一つの生態系システムである。干潟は人間や行政が管理しやすいが、農地は個人の私有地なので行政が勝手になんでも決めることはできない。しかし住民参加を呼びかけたことで、彼らの意識が少しずつ変わっていった。

　現在スンチョン市は自らを「アジア生態文化センター」と位置づけ、今後のスンチョン湾保全についてこう述べている。「1996年、野生のツル（깻두루미）と呼ばれたナベヅル（흑두루미）は、スンチョン湾で80余羽が観察されていました。地域住民の努力で、スンチョン湾のナベヅルは1,730羽を超えました。スンチョン湾ラムサール湿地都市認証により、ナベヅル生息地保存の経験を、スンチョン湾全域に拡大していきたいと思います」（スンチョン湾ラムサール湿地都市とナベヅルの共存、2017年8月）。

第2節　ハドンの山林野生茶と世界農業遺産

　ハドン（河東）郡調査は2017年9月10〜11日に行なった。現地では、ハドン郡農業技術センター農業所得課のユン・スンチョル課長（윤승철, Yun Seung-cheol）、同センター同課のチェ・ジンミョン氏（최진명, Choi Jin-myeong, 緑茶産業担当）、同じくイ・ミンジュ氏（이민주, Lee Min-ju, 学芸研究士, 文化担当）などにお会いしてプレゼンを受けたあと、財団法人ハドン緑茶研究所も訪ね、イ・チョングッ所長（이종

写真12-3　山あいの谷間に浮かぶハドンの景観

국, Lee Jong-gug, 李鍾国）や同研究所のキム・チョンチョル理学博士（김종철, Kim Jong-cheol, 研究開発室長,責任研究員,親環境[4]認証センター長）などと意見を交換した。また、地元茶農家の若手代表として、社団法人ハドン茶生産者協議会のパク・ソンヨン会長宅も訪問し、活動の現状や未来への展望についてヒアリング調査を行なった（所属や肩書きはすべて調査当時のもの）。

　このハドソンの事例は、新しい世代が耕作放棄地をどのように再生させ、自然と調和した新たな営農形態を試みることができるかという、自然再生と地域振興を扱う本書の課題に対し、示唆を与えるものと思われる。それは山麓地帯での古い在来種による茶畑をそのまま利用しつつも、新しい付加価値をつけてゆく事例だからである。

1．ハドン郡の茶生産の特徴

　ハドン郡の茶生産がいつ頃から始まったかは明らかではないが、高麗時代（918 ～ 1392年）にハドンの茶についての記録が残っており、1,000年以上も前からこの地域では茶が生産されてきた。『三国史記』には「828年、中国王朝の唐に遣わされた金大廉が茶の木の種を持ち帰り、新羅興徳王が智異山に植えた」と伝わる。これが韓国茶文化の発祥だとすれば、韓国での茶文化は智異山の麓であるこの地域から始まったといえる。

　現在ハドン郡にある約600haの茶畑のうち、440haが親環境に認定されている（うち70%が有機認定）。野生の茶は主に傾斜地にあり、380haほどとみられる。茶畑を持つ茶の生産者は1,900人いるが、実際に生産している者は1,000人程度である。収穫された茶葉は、ほとんどが専門の加工業者に売られる。

　ハドンの茶畑は、標高1,000mにまで広がっている。山麓に広がる茶畑は、茶の木が1本ずつ単独に育っており、独特の景観を提供している。また、茶の木の根の長さは3mにも及び、山崩れを防止する効果を持つ。表土の下層は石塊も多いので、地下水が深く浸透し、それで根が深くまで張れる理由にもなっている。この地域では茶の木を増やすのに挿し木ではなく種で増やすことも、根付きの良い要因と考えられている。他の茶畑は元は水田だったのを転用して茶畑にしたものであり、茶畑としては50～60年しか経っていないと思われる。

　茶の木に生息する特別な生物というのは取り立ててないが、智異山の山麓地域として貴重な生物が多く、ヘビ、カエル、ウサギなどは他の地域に比べ

個体数も多く、ヨッチ（昆虫）も茶の木に多く住む。茶摘みは人間の手で行なうため、茶の木に葉がいくらか残り、それが落ち葉となってチリョンイ（ゴカイ類）も多く生息できる。それをさらにヤマブタやネズミが食べに来るという、茶畑を通じた食物連鎖ができあがっている。

写真12-4　韓国茶文化発祥の地を示す記念碑群

ハドンの緑茶は全て野生茶の在来種である。郡のセンターや緑茶研究所は他の品種、たとえば日本のヤブキタなどの導入を検討しているが、お金がかかるので生産者はやりたがらない。また、日本のヤブキタは20〜25年も経てば植え替えねばならず（植え替えは容易だが）、植え替えや手入れのコストもかかるので、行政からも無理に農家へ品種を変えろと言えない状況にある。他方、在来種を未だに使っていることが、世界農業遺産としての価値の１つでもある。

ハドンには、1981年に韓国茶人連合会が「お茶の日」を制定したのを記念して韓国最古の茶畑を顕彰するため立てた記念碑「茶始培追遠碑」があり、また1992年にハドン郡とハドン茶人会が建てた「茶始培地標石」などもある（写真12-4参照）。現在ハドン郡では毎年５月25日（お茶の日）前後に「ハドン野生茶文化祭り」が開かれている。

ハドンの茶生産の長い歴史と野生種の維持、茶畑が作る景観や生物生息地としての機能、茶にまつわる文化活動などの存在が、世界農業遺産として承認された根拠となっている（後述）。

２．茶産業の維持・振興と関係機関

ハドン郡の茶産業に関連する機関・組織としては、郡の農業技術センター、財団法人ハドン緑茶研究所、生産者協議会、ハドン緑茶広報団、村発展協議

会などがある。

　郡の農業技術センターは主として農業政策と技術普及を担当し、世界農業遺産の登録申請手続きに関する総括機能を果たしてきている。世界農業遺産登録承認後は、都市建築課、文化観光課、森林課、それに緑茶生産者や流通業者なども集め、今後の具体的なアクションプランを作成する予定とのことであった。

　財団法人ハドン緑茶研究所は、茶について所属する研究者が個々に研究を行うほか、国の農村振興庁や食品庁から研究者がくる場合もある。また、親環境認証センターとして、残留農薬の検査なども行っている。今日では茶の生産者は必ず親環境の認証をとり、茶箱に認証の印をつけている。毎年9月に緑茶研究所の職員が茶畑を見回って残留農薬を検査している。もし茶農家が勝手に自分の畑に農薬など撒けば、周囲の有機農家からたちどころにクレームがくるそうである。畦の雑草に農薬を撒いたものが茶畑に飛散し、認証を取り消されたケースもあったそうだ。茶については、親環境の認証がないと韓国では売れない状況であり、最初から認証を取る前提で栽培を始めている。しかし、完全な無農薬栽培は難しく、1回目はいいが、2回目以降は虫がついて駄目になるという問題がある。

　緑茶研究所によれば、ハドンの茶については、最近では、GAP（Good Agricultural Practice農業生産工程管理）への取り組みも課題となってきている。韓国では親環境あるいは有機農法による農作物であれば以前は売れていたが、最近ではGAPも求める消費者が出てきたそうだ。韓国の消費者はとにかく厳しいが、それでいて何の認定もない外国の茶を飲むような矛盾も持っているので困っているとのことであった。韓国のGAPは日本から入ってきたが、それでいて日本よりも先にGAPが広まったのは、すでに親環境の制度が入っていたので分かりやすかったからではないか、とのことであった。

3．世界農業遺産の登録に向けた状況

　世界農業遺産は、世界的に重要かつ伝統的な農林水産業を営む地域（農林

水産業システム）を、国際連合食糧農業機関（FAO）が認定する制度である。世界で19ヶ国46地域、日本では９地域が認定されている（2018年１月現在）。韓国では、青山島のグドゥルジャン棚田灌漑管理システム（2014年認定）、韓国済州島の石垣農業システム（2014年認定）に続いて３カ所目の認定地となったのが、ハドン地方の伝統的茶栽培システム（2017年認定）である。

調査時点では、世界農業遺産の認定審査の途中であった[5]。ハドン郡農業技術センターがこの手続きを総括しており、登録されれば具体的なアクションプランを作成する予定とのことだった。

郡の農業技術センターが課題としているのは、ここの地域は緑茶も有名だが、登山で有名な山[6]もあるため、特に紅葉の美しい季節には大勢の観光客たちが訪れる。そのため民宿も随分無秩序に増えているので、世界農業遺産候補地としてはそれら進み過ぎてしまった開発をどう抑えられるかが問題である。極端にいえば、茶畑の真ん中に建物を建てるとか、そういう動きも進んでいるので、できる限り抑えたいとのことであった。開発申請を抑えるべく、開発計画を策定中だとのことで、特に茶畑がまとまっている地域や、地域として親環境の認証を受けた地域の保全を進めたいとのことだった。

生産者が世界農業遺産をどれほど知っているか、何を期待しているのかについては、生産者の20〜30％しか詳細を把握していないのではないかとも感じられるので、今後普及教育を進めていこうとしていた。

４．生産者協議会会長パク・ソンヨン氏の経営と世界農業遺産

社団法人ハドン茶生産者協議会長のパク・ソンヨン氏は、四十代前半の気鋭の農業経営者である。ハドン生まれのハドン育ちで、大学進学と軍隊に従軍していたあいだ以外はこの地を離れたことはない。パク家はこの地で1955年から茶の栽培を始めた。父親は茶葉の生産だけを行っていたが、ソンヨン氏が引き継いだ後、2013年からは加工も始めた。ソンヨン氏は大学で食品を専攻し、自分で何かやりたかったそうだ。その後、加工事業の方が伸びて忙しくなり、所有の1,300坪の茶畑の管理は「代理耕作」（作業委託）させ、パ

ク氏は加工事業に専念している。現
在80の農家から茶葉を買い付けて加
工している。地域内に茶葉の加工所
は200 ヶ所ほどあり、パク氏の加工
所は中規模の部類だそうだ。

　高齢生産者は茶葉を摘み取るとき
に機械も使えないし、自分で販売も
できないので、そのような生産者が
手で摘み取った茶葉をパク氏は買っ
て加工している。「忙しくて農業を

写真12-5　パク・ソンヨン会長（中央）
を囲んで
（2017年９月の韓国調査団）

する暇もない」そうで、特に４月は忙しく「死んだ人の手も借りたい」状況
だそうだ。

　茶葉の販売は４月から農協での競りを通して行う。競りは毎日で、値段も
毎日異なるが、新茶が一番高く、その後徐々に値段が下がってくる。最初、
キロ当たり10万ウォンで売れる茶葉が、その後45日間で5,000ウォンにまで
下がる。買ってきた茶葉を加工すると１kgの茶葉から200gしか製品はでき
ない。ハドンの茶として出荷する場合は、ブレンドする場合に50%以上はハ
ドンの茶葉を使用することに決めている。茶葉のブレンドについては年４回
の品評会があり、10月にはソウルで茶葉のブレンドの競技会もあるという。
パク氏が生産者協議会の会長になる以前は、この辺りではブレンディングと
いう言葉さえ知られていなかったそうで、パク氏が会長になって以降このよ
うな大会へも参加するようになった。

　ハドンには約2,000名の茶の生産者がいるが、生産者協議会の代議員はそ
のうち約200人。パク氏はその中でも最も若い代議員の１人だが、その若い
彼が会長になれたのは、ハドンの茶産業を振興するには生産のみならず６次
化や文化・歴史もセットにしたブランド作りが必要だと以前から主張してい
たことに対して若い生産者の賛同を得たことと、会長選出の日の出席者が偶
然若い会員に偏っていたからだそうだ。こうしてパク氏を中心に現在、ハド

ンの「茶葉」生産だけでなく、「茶文化」としてハドンの茶事業を包括的に広めようとしている。

　世界農業遺産への登録申請については行政からの働きかけがあり、当初はパク氏など数人が賛同し、やがて皆で相談して参加することに決めた。そのために最初に目指したのは、お茶の無農薬栽培と、加工品製造、他の農業部門との連携である。ハドンの茶農業はずっと凋落傾向にあり、域内のキノコなどに比べて所得水準が低かったので、茶産業の活性化を目指した。茶の文化や歴史に着目することで、観光業との連携も含めた多様な新しい産業を創出できるのではと期待している。

　パク氏は、ハドンの茶畑は自然的遺産でもあるので、開発するかそれとも開発を規制するか、よく考えねばならないと言う。茶畑を後世につなげることは大切な仕事だが、しかしそれだけでは足りない。例えば茶畑や景観は守るが、茶畑の入り口はある程度開発を許可してほしいとか、農家が文化を守る代わりに農家への直接支払い制度を導入するよう行政に要請もしている。

　パク氏の地区は、2015年3月に無農薬農地地区としてハドン郡より認証された。きっかけはハドンの緑茶で農薬問題が発生し、消費者のお茶ばなれが起きてしまったことだそうだ。茶以外の農産物を生産する農家（梅・柿・栗）が全員理解し協力してくれたので達成でき、この取り組みがやがて世界農業遺産認定にもつながったそうだ。皆で議論するから、もちろん反対意見も出るし、そうした反対意見も受け入れねばならない。最後は多数決を行うこともあるが、この地域には議論をオープンに行う文化があるからここまで進めたとパク氏は語った。

第3節　韓国における耕作放棄地と自然再生

　以上、朝鮮半島南部のスンチョンおよびハドンにおける農業形態および自然再生についてみてきた。いずれの事例も正面から耕作放棄地の問題に取り組んだものではないが、結果として我が国の耕作放棄地のありかたにも示唆

を与えるものと考えられる。

　スンチョン湾における耕作放棄地とは、稲作以外の耕作を放棄し、ツルた
ちの生息できる原自然（湿地）へ還す、というものであった。当初行政は農
的行為を意識せず、湿原保全のみを考えていたものが、ナベヅルたちの行動
生態を研究するうち、周辺農家のありかたが大きく問題になることが分かっ
た。そこで如何に彼らを巻き込んだ包括的な湿地保全計画を立ちあげられる
かが課題となるなかで出てきた取り組みである。これは第 1 章であげた自然
再生の類型でいえば、生物多様性保全のために土地の用途を転換する類型c
に相当するものといえよう。生物多様性保全を通して農産物へも付加価値が
つけられるため、獣害の懸念がなければ比較的理解が得られやすい類型であ
る。

　またハドンは山がちな地形にあり、有名な山岳ツーリズムの登山口でもあ
るため、スプロール的に民宿や飲食店、土産店等が広がってしまう恐れが常
にあり、広域的な管理農業を目指すには難しい土地である。歴史的に朝鮮半
島最古とされる在来の茶樹があるとはいえ、むしろ最新の苗を移植するには
手間も予算もかかるため躊躇されていたといったほうが近いだろう。しかし
そこに世界農業遺産という世界ブランドの話がもたらされ、40歳代の若手 2
世たちが立ち上がり、伝統的緑茶を復興させ、新たな加工品開発へ取り組む
姿勢を知ることができた。これも厳密には耕作放棄地ではないが、高齢化に
より放棄されつつあった山あいの谷間の畑を若手が引き受け、周囲の生態系
をそのまま生かした茶葉の生産が広がったものである。これは第 1 章であげ
た類型でいえば、里山的な活用を目指す類型aに相当するものといえるだろう。
若い力が必要なことは我が国とも同じだが、韓国茶文化の伝統保全をねらっ
た政府行政からの世界農業遺産誘致が偶然光を差したことは興味深い。そし
てその変化対応のスピードがとても早く柔軟だった。我が国においても世界
農業遺産への関心が高まっているが、ハドンは世界の一つの先駆的事例とし
てあげられるだろう。

おわりに

　スンチョンとハドンの事例から、耕作放棄地をより有効的に自然へもどしたり、里山として活用するためのいくつかの重要な条件がみえてくる。たとえば、地域の農業者や住民に対し生物多様性保全や地域指定についての充分な情報提供を行なうこと、地域のゾーニングや土地利用計画の策定など保全と開発とのバランスを取るための措置を講じること、また地域指定や必要な法的枠組みは行政が行うとしても、実際に動くのは農業者や住民であるため、ボトムアップ的な活動を可能にする組織づくりや支援策を講じること、さらに無農薬栽培や有機農業に取り組むことへのメリットが、ブランド化や高価格の確保などを通じて生産者に感じられるようにすることなどである。

注
（1）ただし、スンチョンではキャッチフレーズとしてよくこのように称されるが、その他の4つがどこなのかは確定的でない。
（2）ラムサール条約のサイトによれば、「渡り鳥と魚類の生息地としての貴重な価値を持つ。干潟は生息数が減少しているズグロカモメ（Saunders' Gull）、ヘラシギ（Eurynorhynchus pygmeus）やカラフトアオアシシギ（Spotted Greenshank）などの生息地であり、冬の間の渡り鳥が滞在し子育てをする場所となっている。川が上流からの栄養分を運び、干潟自身は高潮や海流の内陸への影響を軽減する役割を果たしているが、干潟の栄養分の流亡と干潟のある河口からすぐ上流にあるスンチョン市や周辺農地からの汚水や重金属などによる汚染が課題となっている。干潟の周辺は水田であり、また、干潟周辺での漁業（アサリなど）も盛んである」と解説されている。
　　　https://www.ramsar.org/wetland/republic-of-korea
（3）흑두루미（ナベヅル）は흑（黒）と두루미（ツル）がつながった単語だが、日本でいうクロヅルではない。クロヅルは韓国では검은목두루미（黒い首のツル）と呼ばれている。
（4）「親環境」とは、日本の「環境保全型農業」の韓国版用語であり、無農薬（化学肥料を少量に抑えた）で3年以上耕作を続けることが条件である。
（5）この調査時にはまだ承認されていなかったが、ハドンは韓国3番目の世界農

業遺産として、2017年11月23〜25日にFAOで開かれた会議において登録が承認された。世界農業遺産は、世界的に重要かつ伝統的な農林水産業を営む地域（農林水産業システム）を、国際連合食糧農業機関（FAO）が認定する制度である。世界で22ヶ国62地域、日本では11地域が認定されており（2021年12月現在）、ハドン以前の韓国での事例は青山島のグドゥルジャン棚田灌漑管理システム（2014年認定）と、済州島の石垣農業システム（2014年認定）の2件であった。

（6）智異山（チリサン）国立公園のこと。韓国初の指定国立公園（1967）、440,485km²（韓国最大）を誇る。韓国八景の一、韓国五大名山の一で、85の峰を持つ広大な敷地のため登山コースも約20持つ。

執筆者紹介

和泉　真理（いずみ　まり）　一般社団法人日本協同組合連携機構（JCA）客員研究員。東京都生まれ。東北大学農学部卒。英国オックスフォード大学修士課程修了。農林水産省勤務を経て現職。主要研究分野はEU特に英国の農業・農政、日本における次世代の農業者の確保、有機農業・環境保全型農業。（主要著書）『英国の農業環境政策』富民協会（1989年）、『英国の農業環境政策と生物多様性』（共著）筑波書房（2013年）、『ブレクジットと英国農政』筑波書房（2019年）、『子育て世代の農業者　農業で未来をつくる女性たち』筑波書房（2020年）。JCAサイトに「EUの農業・農村・環境シリーズ」を連載。

稲垣　栄洋（いながき　ひでひろ）　静岡大学農学部教授。1968年静岡県生まれ。岡山大学大学院修了。農学博士。農林水産省、静岡県農林技術研究所等を経て、現職。専門は、雑草生態学。主著に「WEEDS：Management, Economic Impacts and Biology.」（Nova Science Publishers, Inc）（共著）」、「Science Against Microbial Pathogens; Communicating Current Research and Technological Adovances」（Formatex）（共著）、Inagaki, H., Saiki, C., Matsuno, K., and Ichihara, M.,. 2014. Sustainable rice agriculture by maintaining the functional biodiversity on ridges. Nishikawa U. ed.「Social-Ecological Restoration in Paddy-Dominated Landscapes.」（Springer）（共著）、「地域の植生管理」（農山漁村文化協会）（共著）など多数がある。

梶原　宏之（かじはら　ひろゆき）　台湾・台南應用科技大学観光学部助理教授、阿蘇たにびと博物館館長。九州大学大学院芸術工学府博士課程修了、博士（芸術工学）。熊本県庁文化企画課県立博物館プロジェクト班学芸員、台湾国立成功大学跨維緑能材料研究センター博士後研究員などを経て現職。専門は民俗学、文化地理学、デザイン。東アジアを中心に自然環境と人類文化の関わりのデザインを研究。『阿蘇カルデラの地域社会と宗教』（清文堂出版）、『熊本の地域研究』（成文堂）、『阿蘇地域における農耕景観と生態系サービス』（農林統計出版）など共著・論文多数。

楠戸　建（くすど　たける）　農林水産省農林水産政策研究所研究員、九州大学大学院博士後期課程修了、博士（農学）。在学中に福岡県農業大学校非常勤講師、その後、東京農工大学特任助教などを経て、現職。専門は農業経済学、環境経済学。消費者、生産者双方からの環境保全型農業の促進に関する研究や、日本型直接支払等への取組と農地保全や荒廃農地の発生防止との関連について研究を行う。

黒川　哲治（くろかわ　てつじ）　法政大学 生命科学部 応用植物科学科 講師。法政大学大学院 社会科学研究科 経済学専攻 博士後期課程 中退。明海大学経済学部講師などを経て、2020年より現職。専門は環境経済学、環境政策論、農業経済学。主な研究テーマは環境保全型農業を通じた生物多様性保全や、生物多様性の価値の主流化。近著に「認定地からの距離と生物多様性認証が贈答品の消費者評価に及ぼす影響―世界農業遺産・静岡の茶草場農法を事例に―」『農林業問題研究』55巻2号（共著）など。

並木　崇（なみき　たかし）　WWFジャパン　淡水グループ長。前職ではランドスケープ設計事務所で、植物園や公園などの計画・設計に従事。都市公園コンクールなど受賞。2016年9月からWWFジャパンで有明海沿岸域の水田地帯におけるプロジェクトを担当し、2020年7月より現職。持続可能な農業の普及を通じた水環境の保全活動を推進。大学関係者、行政、企業、農業者のネットワークを活かした活動に取り組んでいる。

野村　久子（のむら　ひさこ）　九州大学大学院農学研究院・講師。英国・マンチェスター大学博士課程修了、博士（開発政策マネジメント）。マンチェスター大学リサーチアソシエイトを経て現職。専門は開発学、農業経済学、環境経済学。イビデンスに基づく開発・農業・環境政策評価や政策提言につながる研究を行う。「EUにおける農業環境支払制度と草地農業の持つ多面的機能の保全」（『草地農業の多面的機能とアニマルウェルフェア』（筑波書房）に収録）や、『阿蘇地域における農耕景観と生態系サービス』（農林統計出版）などに共著・論文多数。

矢部　光保（やべ　みつやす）　九州大学大学院農学研究院教授、京都大学農学部卒、博士（農学）。農林水産省農林水産政策研究所・環境評価研究室長、英国ロンドン大学主席客員研究員などを経て、現職。専門は農業経済学、環境経済学。農業の持つ外部経済効果や有機性資源の地域循環を中心に研究を進めている。矢部編著『高水分バイオマスの液肥利用―環境影響評価と日中欧の比較―』（筑波書房）、矢部・林編著『生物多様性のブランド化戦略―豊岡コウノトリ育むお米にみる成功モデル―』等、著書・論文多数。

自然再生による地域振興と限界地農業の支援

―生物多様性保全施策の国際比較―

2023年3月27日　第1版第1刷発行

編著者　矢部 光保
発行者　鶴見 治彦
発行所　筑波書房
　　　　東京都新宿区神楽坂2－16－5
　　　　〒162－0825
　　　　電話03（3267）8599
　　　　郵便振替00150－3－39715
　　　　http://www.tsukuba-shobo.co.jp

定価はカバーに表示してあります

印刷／製本　平河工業社
© 2023 Printed in Japan
ISBN978-4-8119-0648-5 C3061